ローカルおやつの本

HOKKAIDO / TOHOKU / KANTO / KOSHINETSU / CHUBU / KINKI / CHUGOKU / SHIKOKU / KYUSHU / OKINAWA

グラフィック社編集部 編

はじめに

本書では、日本各地で日常的に食べられている様々なおやつや飲み物を約250点集め、紹介しています。古くからその地域でつくられてきた郷土菓子や、近年発売され人気となっているものなど、スーパーや地元に根付く菓子店で売られ、気軽に買って楽しめる〝県民のおやつ〟です。

ただ、ひとくちに県民のおやつと言ってもその味や成り立ちは様々。同じ県内でも地域によってまったく異なるものが食べられていたり、一方で、遠く離れた地方によく似たおやつが存在したり。せんべいひとつとっても、素材や味付けにお国柄が現れています。

今回、残念ながら諸事情によりご紹介できなかったものも多くありますが、本書を通して日本の豊かなおやつ文化をお楽しみ頂けたら幸いです。

掲載にご協力くださったメーカー・スーパー・菓子店の皆様に深く感謝申し上げます。

HIGASHI

HISHI

LOCAL"OYATSU"BOOK

もくじ

コーヒー糖

サクサクアーモンド
サクサクアーモンド

○ 愛知県のおやつを巡る旅　その①

遠足おやつの優等生 ―― 三ツ矢製菓（愛知県名古屋市）

本社の屋上には、パッケージと同じ、細長い鼻の男の子が描かれた看板が。思わずほっと心が和む。

思い出の味を辿る

小学生の頃、遠足のおやつ代には上限が設けられていた。限られた金額のなかで何を買おうかと思案するとき、決まって重宝していたのが「ビスくん」。当時20円だったか30円だったか定かではないが、駄菓子とは思えない抜群のクオリティと食べ応え、スティックタイプの食べやすさで、おやつタイムの満足度をグッと引き上げてくれた。

「ビスくん」のメーカーである三ツ矢製菓があるのは、名古屋港と都心を結ぶ中川運河沿い。初代の故郷である三重県の朝日村にて大正7年に創業し、後に名古屋城北側の城北エリアで菓子製造を営んでいた三ツ矢製菓が、現在の地へ拠点を移したのは昭和6年のこと。当時、中川運河の全線供用へ向けて整備が進んでいたことから、菓子づくりに必要な大量の砂糖をはじめとした原材料を船から直接荷揚げでき、商品の出荷にも便利なことなどを背景に移転したのだとか。移転後は、従前のキャンディやゼリービンズ製造を継続していたが、昭和37年、2代目が一念発起してオーブンを導入。当時、人気がうなぎ上りだったビスケット製造に乗り出した。

「すでに主要メーカーがビスケット製造を始めていたこともあり、二番煎じと揶揄されることもあったようです」と話すのは広報担当の水谷さん。しかし先陣とは一線を画すサクサク感や食べやすさ、絶妙の塩加減など、菓子製造一筋の老舗が誇る味に対する感度の高さと技術を注ぎ込んだビスケットは、瞬く間に東海地方で浸透していった。

「ミレー」と「ビスくん」

三ツ矢製菓がつくる、ビスケット生地のポテンシャルの高さを裏付けるのが、高知県の県民食として親しまれるミレービスケットとの深いつながり。もともと明治製菓（現・明治）が製造していたミレービスケットの製造を三ツ矢製菓が引き継ぎ、今に至るまで製造を継続。三ツ矢製菓で素焼きしたミレービスケットは、

三ツ矢製菓株式会社
㊟ 愛知県名古屋市中川区富川町４－１
㊕ 052-361-3131

p.４～９：取材・執筆／花野静恵　撮影／北川友美
取材コーディネート／株式会社ゲイン

細長い鼻の男の子とガンマンの、お馴染みのパッケージ。「ビスくん」とは、この男の子の名前だと思っていたが、水谷さんによると「キャラクターの名前ではなく、あくまでも商品名です」とのこと。

高知県の老舗・野村煎豆加工店をはじめ、東海地区のメーカー4社に納入されている。素焼き状態の生地は各社で揚げた後、味付けなどの加工をしていろいろなバリエーションで販売されているのだとか。

　ビスケット製造を始めて数年後の昭和45年に登場したのが、スティックタイプの「ビスくん」だ。広報の水谷さん曰く「ビスくんとミレーの生地は、原材料や基本的な製造方法はほぼ同じですが、一番の違いは油で揚げるタイミングです」。

　焼いた状態で生地を納めた後、各社が油で揚げて独自のフレーバーで味付けする「ミレー」と違い、「ビスくん」は焼く前の生地自体に塩を振りかけ、焼いた後は揚げるのではなく、ミスト状の油を吹きかける。コクがあって塩味が引き立つ「ミレー」。香ばしさと、カリカリしたライトな食感が際立ち、さっぱりした味わいの「ビスくん」。それぞれの個性が光る三ツ矢製菓の2つの看板商品は、同じ生地から生まれた、いわば兄弟のような間柄なのだ。

　近年は、おやつラバーたちの心を掴み、全国ネットのテレビ番組で紹介されるほどの存在へと成長を遂げた「ビスくん」。子どものための駄菓子と侮るなかれ。受け継がれてきた歴史と技術、菓子メーカーとしての並々ならぬ思いが、あの愛らしい「ビスくん」に込められているのだ。

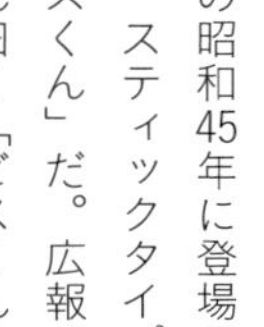

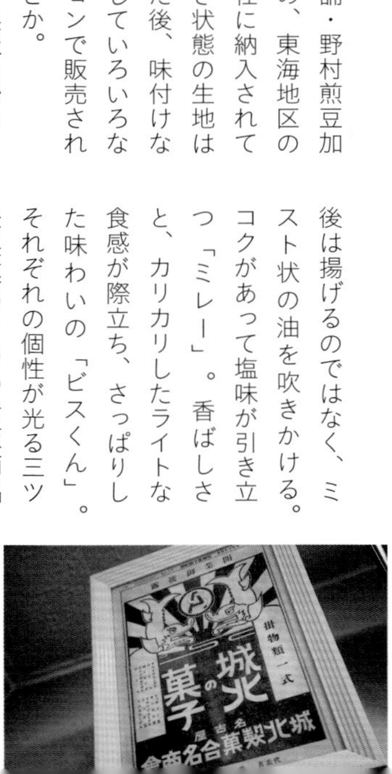

右 / 「城北」に移転した頃の広告。「掛物類一式」は砂糖蜜をかけたお菓子。左 / 昭和60年代まで製造していた「ゼリービンズ」。

「ビスくん」の工場に潜入！

昭和45年の発売開始当時から、変わらぬ製法を守る「ビスくん」。半世紀にわたって愛され続ける理由を探るべく、製造現場へ。

1

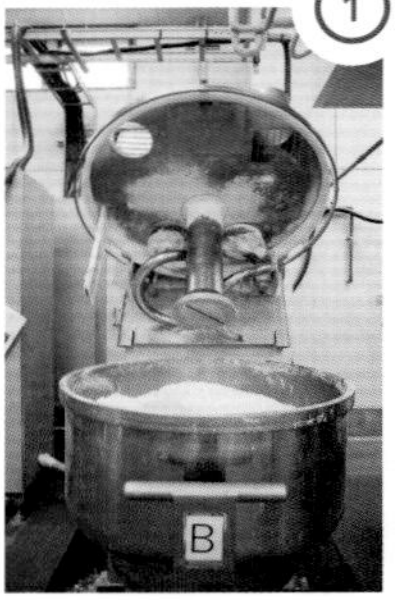

材料をブレンド

数種類の小麦粉と砂糖、塩、油などの材料をミキサーでブレンド。メインとなる小麦粉は屋外の小麦サイロから自動搬送されてくる。

30〜40分でこね上がり！

2

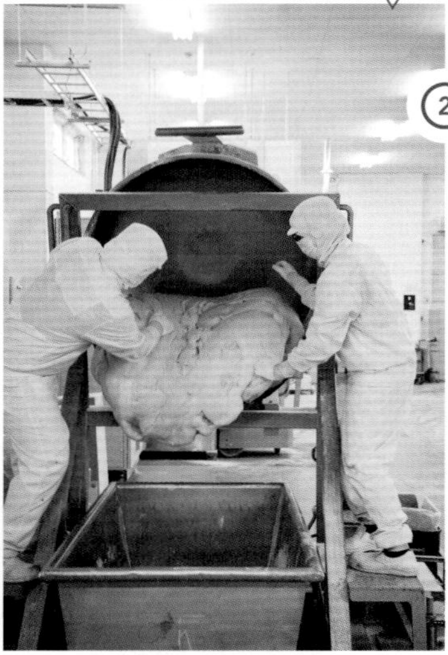

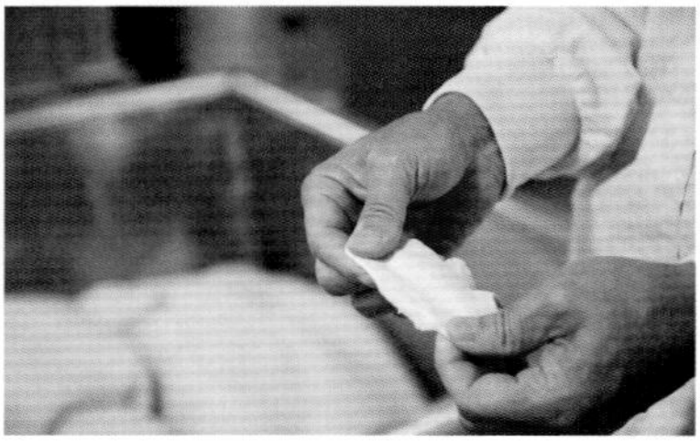

こね上がりをチェック

こね上がった生地は、弾力や伸び具合を人の感覚で確認。湿度や温度によって仕上がりが異なるので、こね時間を数秒プラスなど微調整する。

3

生地を小さく裁断する

伸ばしやすくするため、小さな四角形に裁断。生地のロスをなくすため、型抜き後の切れ端も、ここに戻して再び一緒にこね上げる。

4

ローラーで薄く伸ばす

３段階の厚さに設定したローラーで、生地を伸ばす。一気に伸ばすと、弾力で跳ね返ってしまうので、徐々に薄くするのがポイント。

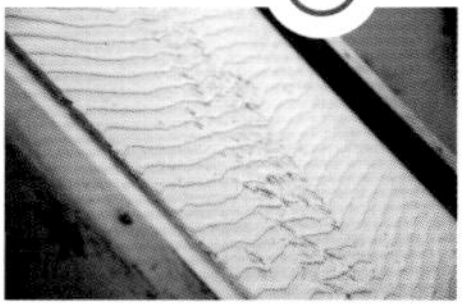

生地の薄さは１mm強に。

5

細長く、 型抜き

「ビスくん」の真骨頂である、細長いスティック状に型抜きしていく。この時点ではまだペラペラの短冊状態。

6

塩を振ったらオーブンへ

塩が振りかけられた後、オーブンへ。メッシュ状の網にのせて焼くことで、カリッとした仕上がりに。ちなみにクッキーは鉄板で焼く。

THANK YOU!

約30年勤続する広報担当の水谷高志さん。「地元の人たちに親しまれる『ビスくん』の会社に勤めていることは誇らしいです」。

7

上 / 全長60mもある長いオーブンの中を移動しながら焼く。途中には焼き具合を確認する小窓が。
下 / 約５分後、焼き上がった「ビスくん」とご対面。一気に高温にすることでカリッとした独特の食感に。

○ 愛知県のおやつを巡る旅　その②

あんこ愛を込めて。――― 松永製菓（愛知県小牧市）

失敗を重ねた末に誕生

　赤い碗のイラスト、金色で縁取った毛筆体の「しるこ」のロゴ。実家のお茶菓子入れの常連さんだった「しるこサンド」が、地元生まれのローカル菓子だと知ったのは、随分と大人になってからだった。

　誕生は昭和41年。無類のあんこ好きだった松永製菓創業者の閃きがきっかけだった。当時、製造していたビスケットに大好きなあんこを組み合わせて、和洋折衷のお菓子がつくれないだろうか――。「でも、単にあんこをサンドしただけではインパクトに欠ける」と、あんこを挟んだ後に焼くという異例の製法を提案。ここから、長い挑戦が始まることに。生地とあんこが剥がれてしまう、あんこが飛び出してしまう、あんこの風味が損なわれてしまう…。大量の失敗作を前に、幾度となく頓挫しそうになりながらも、創業者と職人らの熱い思いが結集し、お目見えしたのが「しるこサンド」である。

愛知のご当地土産に

　まだ甘い物が珍しく、今ほど食生活が豊かではなかった昭和時代。1枚だけで手が止まるお菓子ではなく、2枚、3枚…とたくさん食べてお腹いっぱいにしてほしいという思いで「しるこサンド」は生まれた。サクサクとした食感、優しい甘さ。食べ進めるごとに味わい深さが増し、たちまち1袋完食してしまうというやみつき具合も、つくり手のあたたかい思いの賜物だったのだろう。

　小倉トーストに象徴されるように、あんこ文化の聖地である愛知県。今や「しるこサンド」は、ご当地土産の定番として、他地域の方の目に触れる機会も増えた。そして生まれ故郷では、時を超え今なお団欒の席に欠かせないお茶菓子として、3世代にわたり親しまれ続けている。

上 / 創業当時の工場の様子。
下 / 昭和41年から発売を開始した「しるこサンド」の出荷作業の風景。

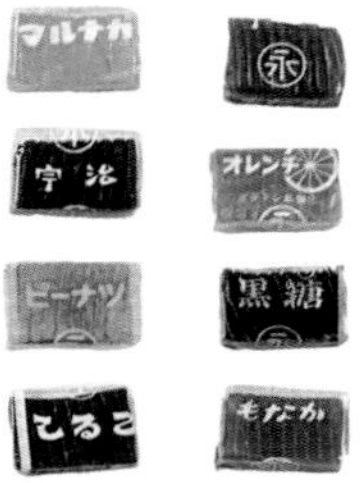

昭和13年、名古屋市西区で創業した当時からつくられていたキャラメル。平成25年の終売まで製造されていた。

THANK YOU!

「今のイチオシは令和３年９月に登場した新フレーバー・しるこサンド黒糖です」と話す広報の可児里奈さん。

しるこサンド

個包装タイプの「しるこサンド」、個包装した「スターしるこサンド」が定番。ミニサイズやスティックタイプもある。また、定期的に期間限定商品を発売しており話題になっている。

＜誕生当時のパッケージ

カクテルサンド

創業者の「１袋にいろんな楽しさを」との思いを込め、クリームサンドをアソートに。現在は４種のクリームサンドとフィンガーチョコのカクテルサンドのほか、「スターしるこサンド」入りのスターカクテルも。

＜誕生当時のパッケージ

本社・工場に隣接する住宅展示場の一角に令和３年９月オープンした直営店。アウトレット商品や直営店限定の商品なども多数ラインナップ。

松永製菓株式会社
㊟ 愛知県小牧市大字西之島330
㊡ 0568-72-1211

○「しるこサンド」ができるまで

① 小麦粉などの原料を混ぜ合わせる。ひと練りで「しるこサンド」７万枚分！

② 生地を伸ばして型抜き。ギザギザの縁があんこの飛び出し防止の一手に。

③ 50mのオーブンで約５分かけてじっくり焼くとこんがりきつね色に。

④ 焼き上がったビスケットに、植物性オイルを吹き付けてツヤを出す。

資料写真提供：松永製菓

愛知県のおやついろいろ

独自の食文化を持つ愛知県はおやつもバラエティ豊か。喫茶文化と関係する豆菓子や、複数の名を持つ洋菓子など、県民自慢のおやつをご紹介。

名古屋市

本田マコロン
マコロン製菓

フランスのマカロンが日本で独自に発展したおやつ、まころん。その元祖という名古屋のマコロン製菓では、大正13年の創業時から使うという釜で、原材料の配合も一切変えることなくつくり続けている。ザクザクした程よい固さの生地と落花生の風味がどこか懐かしい。

㊟ 愛知県名古屋市西区栄生1-18-13
㊫ 052-551-6352
㊌ 可（自社サイト）

名古屋市

ドイツラスク
若山製菓

ドイツ発祥の小さな食パン型の可愛いおやつ。名古屋の若山製菓では創業時（昭和30年）から人気の定番商品で、市内のスーパーを中心に販売する。クリームを塗るのは今も手作業。一枚一枚丁寧に焼き上げ、口の中でサクサクと優しく崩れる食感に仕上げている。

㊟ 愛知県名古屋市熱田区南一番町21-12
㊫ 052-661-9556
㊌ 不可

西尾市

いかみりん
イケダヤ製菓

全国有数のえびせんべいの生産量を誇る西尾市。こちらの昭和33年創業のイケダヤ製菓のいかみりんは、イカとエビを練り込んだ生地を特製のみりん醤油で味付け。食べ始めると止まらないという声多数のヒット商品。

㊟ 愛知県西尾市一色町一色東塩浜162
電 0563-72-1560
通 可（ECサイト「47CLUB」）

PACKAGE

①

蒲郡市

たい漁 ①
上えび ②
いかちび ③
一色屋

三河湾に面する蒲郡市で昭和12年からせんべいをつくる一色屋の人気商品が勢揃い。昭和50年にイカ・エビ・カニなどの絵柄がついた①たい漁を発売すると大ヒット。その３年後、イカだけの柄を６種にして③いかちびも誕生した。きりなくつまむ良い風味を味わえる。

㊟ 愛知県蒲郡市松原町４-21
電 0120-661-666
通 可（電話、FAX、自社サイト）

③

②

PACKAGE ①

PACKAGE ②

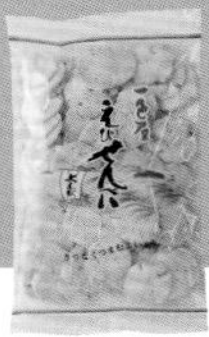

PACKAGE ③

名古屋市

うすピー
グリーン豆
春日井製菓

昭和３年に名古屋で創業した春日井製菓の豆菓子は、長年にわたり支持されるロングセラー揃い。グリーン豆は塩気と旨味のバランスや、豆をすべて覆わない衣の掛け具合など、えんどう豆らしい食感と見た目にこだわった逸品。サクサクの歯応えがクセになるうすピーも根強い人気。

(住) 愛知県名古屋市西区花の木１-３-14
(電) 052-531-3700
(通) 可（自社サイトから電話、FAX）

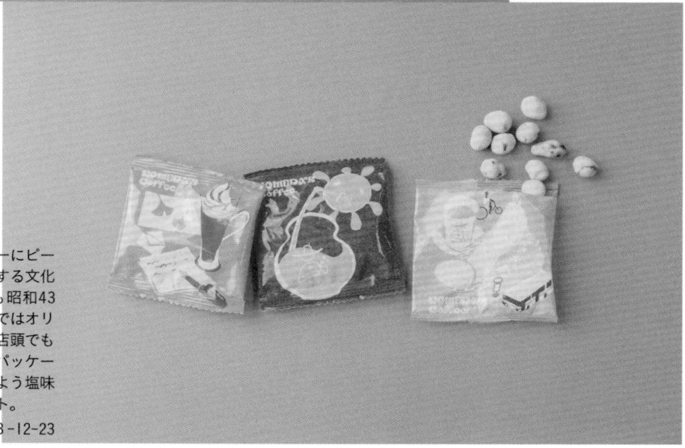

名古屋市

豆菓子
珈琲所コメダ珈琲店

名古屋の喫茶店ではコーヒーにピーナッツや柿の種をサービスする文化があり、コメダ珈琲店でも昭和43年の創業当時から提供。今ではオリジナルの豆菓子を開発し、店頭でも販売している。季節ごとにパッケージを変え、コーヒーに合うよう塩味を効かせているのがポイント。

(住) 愛知県名古屋市東区葵３-12-23
(電) 0120-581-766
(通) 不可

豊橋市

ピレーネ
ボンとらや

愛知県のご当地スイーツ。地域によって異なる名で呼ばれ、豊橋ではボンとらやが半世紀以上前からつくるピレーネがお馴染み。「天使のおやつ」という愛称がぴったりのフワフワのスポンジが自慢で、中に入る生クリームは4種をブレンドするというこだわり。

㊟ 愛知県豊橋市羽田町66
(電) 0532-31-6116
(通) 可（自社サイト）

名古屋市

なごやん
敷島製パン

名古屋が誇るパンメーカー・敷島製パンが昭和33年から発売する饅頭。卵や地元産の小麦粉をふんだんに使ったカステラ生地に、優しい風味の黄味餡が入る。3代目社長が「地元の人に親しんでもらえるように」と名付けた通り、素朴な美味しさが愛されロングセラーに。

㊟ 愛知県名古屋市東区白壁5-3
(電) 0120-084-835
(通) 進物用（8個入～）は可（自社サイト）

北海道のふしぎせんべい

その名を聞いただけでは味の想像がつかない、ちょっと不思議な北海道のせんべいいろいろ。いずれも道民には馴染みのものばかり。

北海道

でんぷんせんべい
松浦商店

じゃがいものでんぷんを使った、北海道ならではのせんべい。長万部町・松浦商店では80年前の創業時から販売し、地元の人なら誰もが知るという存在。サクッと軽い食感で、ほぼ無味のなかにほのかな甘さを感じる。

㊟ 北海道山越郡長万部町15
㊫ 01377-2-2613
㊣ 不可

北海道

オランダせんべい
端谷菓子店

直径が16cmもある根室の名物おやつ。端谷菓子店では昭和40年頃から製造する。当初は固いせんべいだったが、お客の要望で現在のようなしっとり柔らかい食感になったそう。黒砂糖と小麦粉が主原料の優しい素朴な味。

㊟ 北海道根室市千島町2-11
㊫ 0153-23-3375
㊣ 可（電話）

① ②

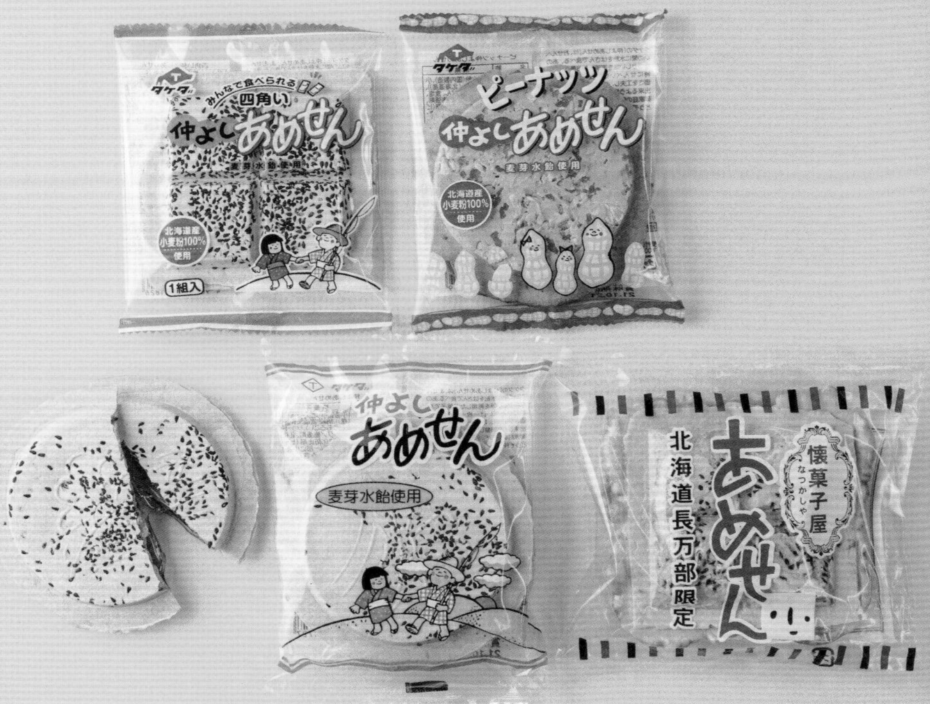

③ ④

北海道

四角い仲よしあめせん ①
ピーナッツ仲よしあめせん ②
仲よしあめせん ③
タケダ製菓

北海道や東北地方北部で食べられる昔ながらのおやつ。昭和39年創業のタケダ製菓では生地に地元産の小麦粉を使用し、一枚ずつ手作業で焼き上げ、麦芽水飴をサンド。パキッと割ってみんなでなかよく食べられる。10月〜４月の販売。

㊟ 北海道札幌市北区新琴似12条６-８-２
㊂ 011-761-4669
㊣ 可（自社サイト、電話）

北海道

なつかしやあめせん　ごま ④
松浦商店

でんぷんせんべい（右ページ）もつくる松浦商店のもうひとつの名物。ゴマが香るパリパリの生地の中に、トロリと甘い水飴。落花生もあり、いずれも素朴な味がなんとも美味しい。元々製麺工場だったが、二代目が本格的にせんべいの製造を始めたそう。

㊟ 北海道山越郡長万部町15
㊂ 01377-2-2613
㊣ 不可

青森・岩手の南部せんべい

南部地方と呼ばれる青森県東部と岩手県北部の名物・南部せんべい。ここに暮らす人たちにとって、それは日常のおやつであり、おかずでもあり主食でもあるという。地元の多くのスーパーには「南部せんべい」と掲げられた専用のコーナーが存在する。

　一体いつから食べられるようになったのか、その起源は諸説あるが一般的に知られるのは南北朝時代、陸奥太守を務めた長慶天皇に、家臣がそば粉を練ってゴマを振りかけ鉄兜で焼いたものを献上したというもの。長慶天皇はたいそう喜び、今も南部せんべいに刻印される菊水・三階松の家紋の使用を許したという。現在の南部せんべいは小麦粉を主原料とし、塩味の素朴なせんべいだが落花生やゴマなど多様な味も登場している。食べ方としては、そのままはもちろん水飴や赤飯を挟んだり（こびりっこと呼ばれる）、また、ご当地グルメとして県外でも知られるせんべい汁もある。丸い型で焼くときにはみ出た〝耳〟も人気で、カリッと揚げればおつまみにぴったりでまさに捨て難い味。

　南部せんべいはそのシンプルさゆえ様々なアレンジを受け入れ、伝統とともに常に新しい顔を見せてくれる懐の深い郷土のおやつなのだ。

青森県

川越せんべい店

創業明治６年、日本最古の南部せんべい店。現在５代目。天保（江戸末期）生まれの初代から伝わる技術に各代が創意工夫を重ね、伝統と工夫の両輪で地元の食文化を守る。せんべいの原料には国産小麦と瀬戸内海塩を使用。製法は昔ながらのふんわり手ごねで、それを南部地方最大級の石窯で丁寧にこんがり手焼きしていく。固さの中に柔らかさもあり、独特のショリショリとした食感が特徴。

㊟ 青森県上北郡おいらせ町下明堂30-11
電 0178-52-2878
通 可（自社サイト）

白せんべい ①

江戸期から常食されていた伝統の逸品。シンプルに素材の旨味や南部せんべい本来の食感を味わえる。

二代目覚次郎のまめせんべい ②

せんべいの材料に滋養ある落花生と砂糖が使われるようになった明治中期、２代目が生涯をかけて辿り着いた味。程よい固さに抜群の香ばしさ。

ムギクラッカー Be（減塩白せんべい）③

地元のチーズ専門店の要望に応えてつくられた減塩白せんべい。チーズ、ディップを乗せてオードブルのように楽しめる。

四代目陽一のバターせんべい ④

優しいバターの香りにほのかな甘み。酪農製品が身近になった昭和中期に４代目が開発した。

PACKAGE ①

PACKAGE ②

PACKAGE ③

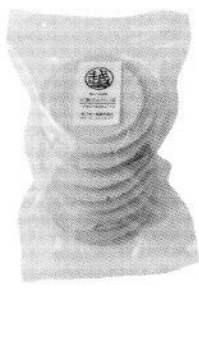

PACKAGE ④

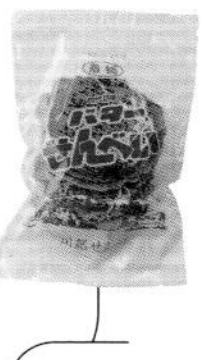

岩手県

南部せんべい乃 巖手屋

岩手で最も知られる南部せんべい屋。大正生まれの小松シキが、幼い頃、青森の奉公先でせんべい焼きを覚えたのがその始まり。のちの昭和23年、岩手・二戸でせんべい店を開業した。

㊟ 岩手県二戸市石切所字前田41-1
電 0120-232-209
通 可（自社サイト）

南部せんべい おばあちゃん（落花生）⑤

昭和55年発売。漫画家・おおば比呂司による南部せんべいを焼くお婆ちゃんのイラストでお馴染み。モデルは創業者のシキ。落花生がたっぷり入り、噛むたびに豆の香ばしさが広がる。

PACKAGE ⑤

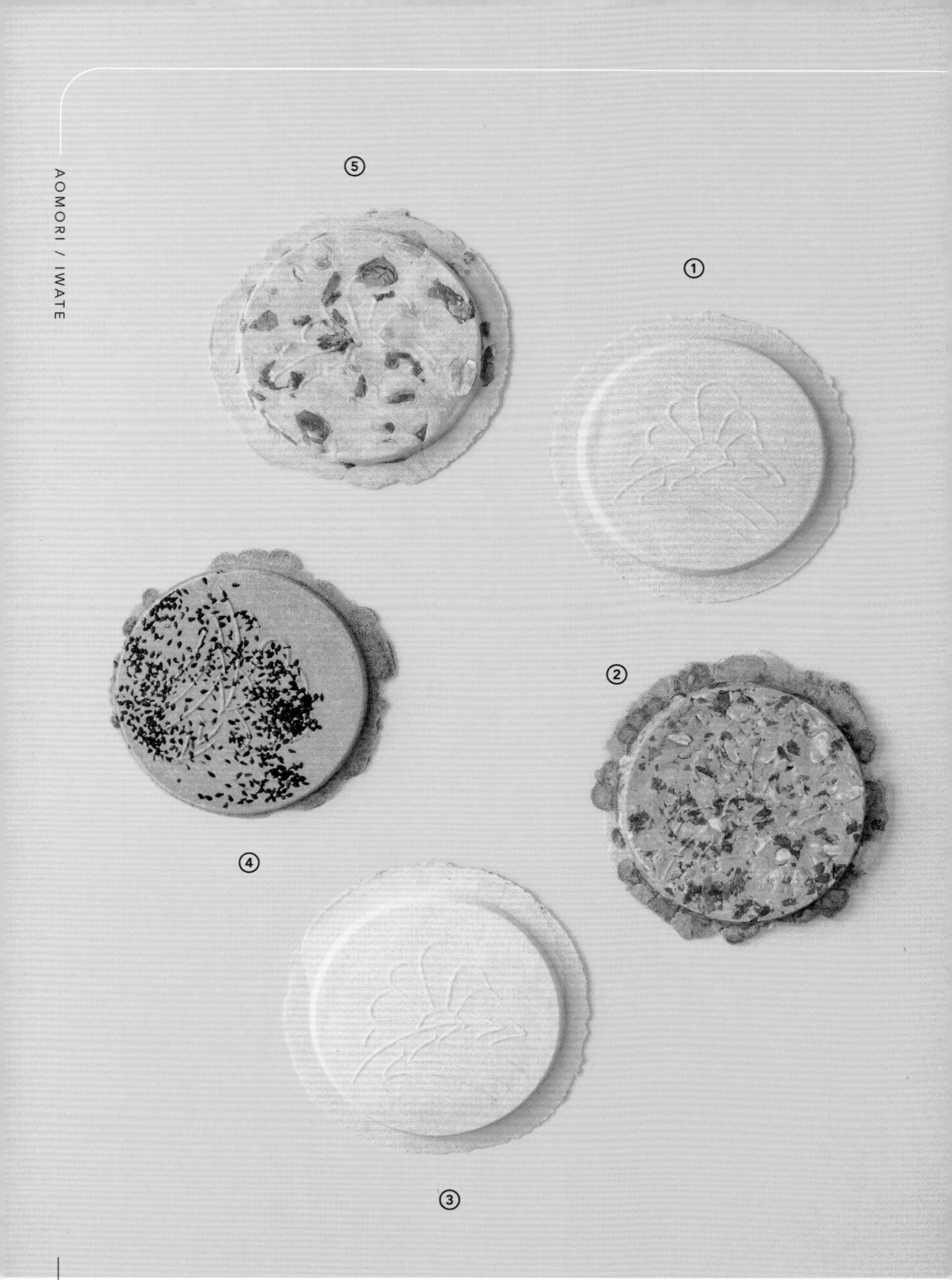
⑤
①
④
②
③

味も知名度も全国区
名物あられ・せんべい

その美味しさと個性で県外にも名を馳せる、あられ・せんべい界のスターが勢揃い。どれもきっと一度は食べたことがあるはず。

新潟県

サラダホープ
亀田製菓

ハッピーターンや亀田の柿の種が人気の亀田製菓が、新潟限定で販売する（＊一部店舗を除く）一口サイズのあられ。昭和36年、ヒットを願い「ホープ」の名で誕生した。当時高価だったサラダ油をからめて塩をまぶし仕上げている。まろやかな塩味が後引く美味しさ。

㊟ 新潟県新潟市江南区亀田工業団地３-１-１
㊫ 0120-24-8880
㊌ 可（自社サイト）

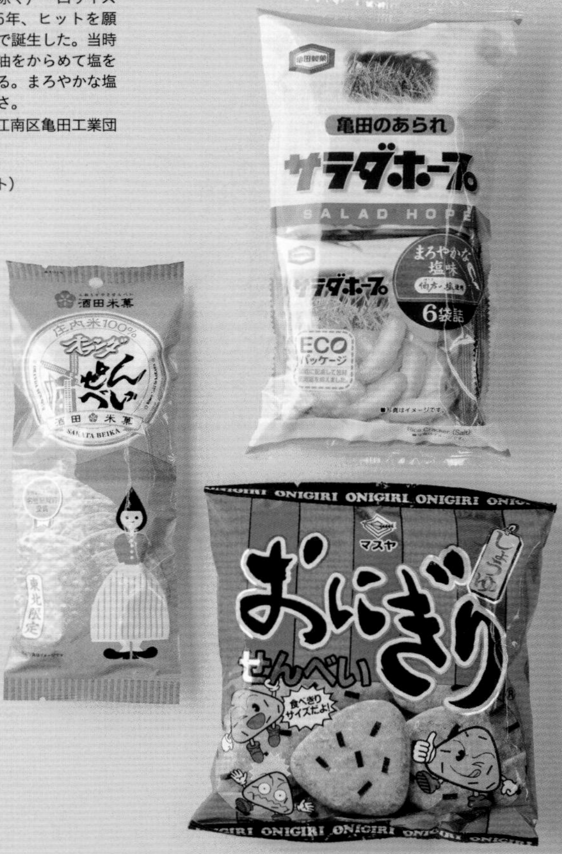

山形県

オランダせんべい
酒田米菓

堅焼きせんべい全盛の昭和37年に、あえて洋風の軽い食感を目指し開発。庄内産のうるち米を100%使用した、厚さ３㎜という日本初の薄焼きせんべいが誕生した。オランダの名は、地元の方言「おらだ（私たち）」から。

㊟ 山形県酒田市両羽町２-24
㊫ 0234-22-9541
㊌ 可（自社サイト）

三重県

おにぎりせんべい
マスヤ

昭和44年、当時も今も珍しい三角形という斬新な形で登場。「おにぎり」のネーミングに風味ある醤油ダレ、焼き海苔のトッピングという日本人なら誰もが大好きな味。全国販売されているが、静岡以西の地域でお馴染み。

㊟ 三重県伊勢市小俣町相合1306
㊫ 0120-917-231
㊌ 可（自社サイト）

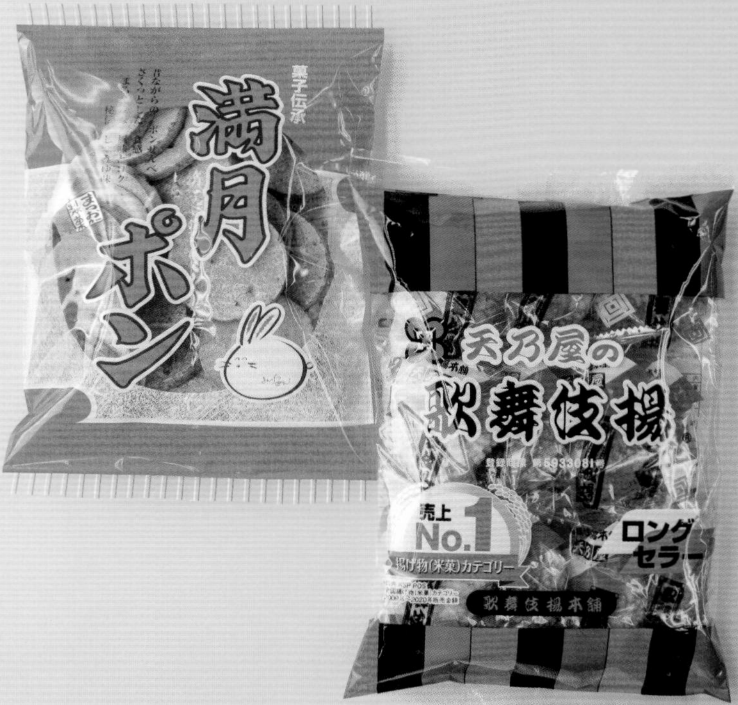

大阪府

満月ポン
松岡製菓

関西の定番駄菓子。地元のポン菓子メーカーが戦後からつくる。アポロ11号が月面着陸した昭和44年頃に現在の名が付いた。原料は小麦、醤油などシンプルだがそれらを数種ブレンドするこだわり。軽い味でいくらでも食べられる。

(住) 大阪府大阪市住之江区東加賀屋2-13-22
(電) 06-6681-0780
(通) 可（自社サイト）

東京都

歌舞伎揚
天乃屋

江戸歌舞伎の定式幕（柿・黒・萌葱）をモチーフにしたパッケージが目印、東京生まれの揚げせんべい。全国的な知名度を誇るが、特に東日本で人気。パリッと程よい固さの食感に甘辛のタレが香ばしい。昭和35年誕生のロングセラー。

(住) 東京都武蔵村山市伊奈平2-17-2
(電) 042-560-6661
(通) 可（電話、FAX）

かたちも自慢のかりんとう

味もかたちも固さも様々な、各地の名物かりんとう。日本に伝来したのは遣唐使の頃と言われ、江戸時代半ばに全国に広まった。

岩手県

田老かりんとう
田中菓子舗

昔から岩手でつくられていたという、うずまき型のかりんとう。田中菓子舗でも大正12年の創業時から製造する。当初は固めに仕上げていたが、2代目のアイデアでソフトな食感にすると年配から子どもまで美味しく食べられると評判に。三陸大津波、東日本大震災で二度被災するも地元の応援を糧に復活。変わらぬ味を届けている。

住 岩手県宮古市田老字八幡水神37-1（工場）、岩手県宮古市田老1-13-6（店舗）
電 0193-87-2020（工場）、0193-65-8707（店舗）
通 可（工場に電話、FAX、取引先各種ECサイト）

PACKAGE

秋田県

黒糖がけ落葉かりんとう
ゆかり堂製菓

見た目にも美しい角館の銘菓。落ちていた木の葉をヒントに誕生したそうで、手作業でひねり仕上げている。中は空洞で、軽い食感。黒糖の蜜の甘さが生地の風味と良く合う。

住 秋田県仙北市角館町小勝田段ノ平2-6
電 0187-54-3160
通 可（電話、FAX、メール）

PACKAGE

新潟県

たなべのかりん糖
田辺菓子舗

新潟・加茂市のスーパーや道の駅で販売されるたなべのかりん糖は、昭和2年からつくられる地元で評判のおやつ。ひとつひとつ大きめのサイズだがさっくりとした口当たりで食べやすい。添加物は一切使わない自然の風味が自慢。

住 新潟県加茂市若宮町1-5-1
電 0256-52-0615
通 不可

PACKAGE

岡山県

プロペラかりんとう
山名製菓

山名製菓が昭和38年の創業時からつくる名物かりんとう。蜜やピーナツがよくからまるようにと、プロペラのようにひねった形が特徴だ。見た目ほど固くなく、噛めば噛むほど口の中に生地の風味とピーナツの香りが広がる。

(住) 岡山県岡山市南区浦安西町30-2
(電) 086-262-2765
(通) 可（自社サイト）

PACKAGE

岩手県

割れかりんとう
加藤食品工業

薄くパリパリの食感がクセになるかりんとう。地元で紅葉せんべいとして知られるが、その繊細さゆえ輸送の際にどうしても破損を免れず、他の地域では割れかりんとうの名で販売される。開発に数年を掛けたという黒蜜も美味。

(住) 岩手県釜石市中妻町2-18-4
(電) 0193-23-0557
(通) 可（電話）

PACKAGE

兵庫県

播州黒蜜かりんとう
常盤堂製菓

江戸時代、姫路藩の命により長崎に派遣された菓子職人が持ち帰ったという播州かりんとう。しっかり詰まった生地が特徴で、常盤堂製菓でもその伝統を汲み約80年前から製造する。カリッと固めの歯応えが美味しい。

(住) 兵庫県姫路市船津町1788
(電) 079-232-0682
(通) 可（自社サイト）

PACKAGE

諸国名物 飴いろいろ

飴ちゃん、飴っこ…。親しみを込めてそう呼びたくなる、身近なおやつ・飴。数ある全国の名物から、選りすぐりをご紹介。

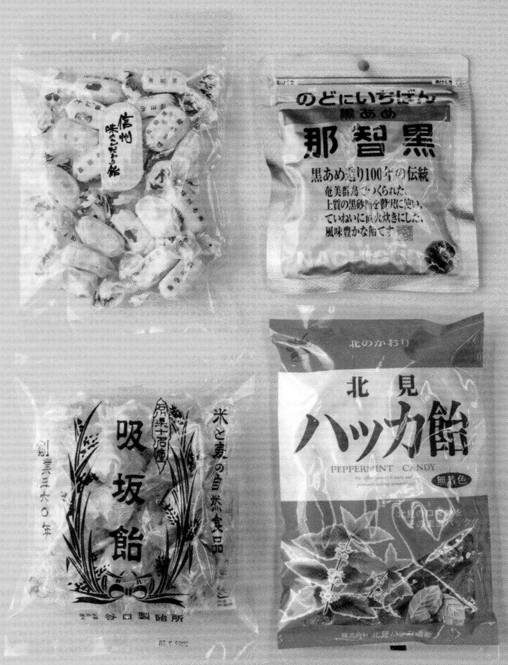

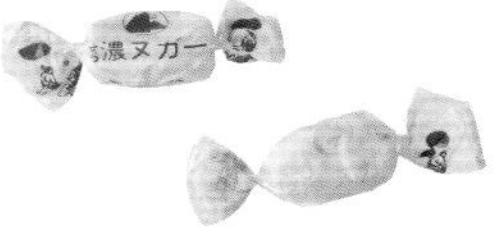

長野県

信濃ヌガー
岩田屋商店

知る人ぞ知る名物ヌガー。戦後の混乱期、お客に喜んでもらおうと先々代がつくりはじめた飴のひとつで、今は孫がその想いと製法を受け継ぐ。その柔らかさゆえ、冬（11～4月）のみ県内のスーパーなどで扱われる。

㊟ 長野県上田市諏訪形1096
㊢ 0268-22-7336
㊨ 不可

和歌山県

黒あめ那智黒
那智黒総本舗

熊野の名産・那智黒石の碁石をかたどった飴。明治10年の創業からつくられる。主原料である黒砂糖は奄美群島産のものを使用し、丁寧に直火で練り上げて仕上げる。まろやかな甘さで舌触りも良く、まさしく黒飴の代名詞。

㊟ 和歌山県東牟婁郡太地町大字森浦438
㊢ 0735-59-3900
㊨ 可（自社サイト、電話）

石川県

吸坂飴
吸坂飴本舗 谷口製飴所

360余年という歴史を持つ銘菓。創始当時は、吸坂町の世帯二十数戸がすべてこの飴を製造していたという。米と大麦のみでつくられる麦芽糖飴で、天然の旨味と滋養香味が特徴。現在唯一残る谷口製飴所がその味を守る。

㊟ 石川県加賀市吸坂町ナ46
㊢ 0761-72-0709
㊨ 可（ECサイト「いいもん味撰」）

北海道

ハッカ飴
北見ハッカ通商

北海道・北見で昭和初期からつくられていた飴を、ハッカ製品を取り扱う北見ハッカ通商が約25年前に無着色化して展開。全国的に知られるようになった。原料は砂糖と水飴、ハッカ結晶のみ。程よい清涼感が舌に心地良い。

㊟ 北海道北見市卸町1-7-3
㊢ 0157-66-5655
㊨ 可（自社サイト）

長野県

みすゞ飴
みすゞ飴本舗 飯島商店

水飴、果汁などを寒天で固めた彩り美しい菓子。水飴を製造していた飯島商店が、信州ならではの味をという５代目の発案で、明治後期、地元産の果物を使い開発した。弾力ある食感で口当たりが良く、今では信州の銘菓として有名に。

㊟ 長野県上田市中央１-１-21
㊕ 0268-23-2150
㊣ 可（自社サイト、電話）

奈良県

黄金糖
黄金糖

関西で馴染み深い、宝石のように美しい飴。その歴史は古く、大正８年、創業者が砂糖と水だけを原料とした「金銀糖」を売り出し、大正12年「黄金糖」と改称。四角柱となったのもこのとき。以来、変わらぬ製法でつくられる。

㊟ 奈良県大和郡山市小泉町1255-２（奈良工場）
㊫ HPより問い合わせ
㊣ 可（自社サイト）

北海道

北海道ポリバター飴
茶木

昭和初期からつくられ、北海道土産としても定番のバター飴。戦後すぐ旭川で創業した飴メーカー・茶木では、約40年前から製造販売する。道産のビート糖とバターにこだわり、強すぎない自然な甘さがちょうど良い。

㊟ 北海道旭川市豊岡３条６-６-９
㊕ 0166-32-1862
㊣ 可（電話）

山口県

カンロ飴
カンロ

全国的に販売されているカンロ飴は、創業地・山口県光市では地元発祥の自慢のおやつ。創業者の「日本人に愛される飴を」という思いから醤油を隠し味に使い、昭和30年に誕生した。甘じょっぱい味わいは、飽きのこない美味しさ。

㊟ 東京都新宿区西新宿３-20-２ 東京オペラシティビル37階
㊕ 0120-88-0422
㊣ 不可

○ 北海道のおやつを巡る旅

いつの間にかそばにいるビスケット —— 坂栄養食品（北海道札幌市）

ルーツは上士別のでんぷん工場

　50歳以上でビスケット菓子「ラインサンド」や「しおA字フライ」を食べたことのない道民はいるだろうか。正式な社名よりも〝坂ビスケット〟の愛称で親しまれ、70年近くお茶の間の定番おやつとして愛されてきた。北海道のソウルフードと呼んでも、誰も文句は言わないだろう。

　これほど身近な存在のビスケットなのに、明治44年、道北の上士別村に創業した坂澱粉工場がルーツとは、あまり知られていない。

　上士別村といえば、当時は馬鈴薯の作付面積がトップクラスで、でんぷんの一大産地として知られていた。国策として、明治末期から大正にかけて数多くのでんぷん工場ができ、「でんぷん成金」と呼ばれるほど好景気に沸いていた。なかでも坂澱粉工場は、地域を代表する大手だった。

最初はでんぷんの焼き菓子から

　戦後間もない昭和21年、初代社長の坂長太郎は坂栄養研究所を設立し、でんぷんを主原料にした焼き菓子の製造を始める。当時、子どもたちの栄養不足をなんとかしようと国が学校給食を推進したように、長太郎は安くて栄養のあるおやつを提供しようと考えた。

「祖父の尚謙によると、最初はでんぷんと砂糖を混ぜて丸めて焼いた、たまごボーロのようなお菓子だったそうです」と専務取締役の坂尚憲さん。

　4年後には長太郎の長男・一長と次男の尚謙の兄弟が坂栄養食品を設立し、札幌にビスケット工場を建設した。当時の経営方針は「より良き品をより安く」。小麦粉と砂糖を使うビスケットは栄養価が高く、腹持ちがして保存食としても注目されていた。かつて北海道にはビスケット会社が14社、17工場あった時代もある。4代目現社長の坂一俊さんは「キャラメルの古谷製菓さんも、ビスケットでうちと競合していた。今はチョコレートで大成功されていますね。ビスケットで生き残った会社は北海道では当社だけです」と誇らしげだ。

変わらないのが最大の強さ

　ガスでビスケットを焼く工場が多いなか、坂栄養食品では電気窯を使う。「まず、色と食感が違います。ガスは一気に焼き上げるため、パリッとした食感に。

坂栄養食品
㊟ 北海道札幌市中央区南1条西1-13-3 SAKAビル
㊫ 011-231-0127

p.24～27：取材・執筆／矢島あづさ　撮影／伊藤留美子（リトミコフォトグラフィー）

電気は水分を残しつつ、ゆっくり焼き上げるので、ふっくら感が出ます。北海道はビスケットに限らず、軟らかい食べ物が好まれます」と尚憲さん。

坂ビスケットがなぜ、これほど愛され続けているのか。それはパッケージの裏に書かれている原材料名を見ればわかる。

「30年前にA字フライの塩を少し減らした程度。あとは発売当初から何も変えていない。どの商品にも、余計なものは一切入れない。他社の製品と比べても、原材料の数は少ないはず」という。なるほど、保育園や幼稚園の知育菓子としても選ばれるわけだ。そして、昔ながらのレトロなパッケージを変えないのも、高齢者が「いつものビスケット」としてわかるように。その徹底ぶりに、変わらない強さを感じた。

変化したことといえば、道内だけの販売だったのが、東京や関西、海外へと販路を広げたことだ。北海道産小麦100%を使用した商品は中国・東南アジアで飛ぶように売れている。

工場直売の売店があると聞き、二十四軒に向かった。工場敷地内にある坂会館は、かつてはレストランや総合結婚式場だった。その片隅の売店には350gの徳用袋など、工場直売ならではの商品が並ぶ。

近所の常連客はもちろん、札幌郊外にあるのに観光客がわざわざ足を運ぶという。懐かしい味の知られざる底力を感じた。

最初のパッケージは「A字」ではなく「英字」だった。

上 / 「坂ビスケット」と書かれた煙突が地域のシンボルだった創設時の工場。下 / 全商品を揃えた工場直売店。

THANK YOU!

「北海道にはでんぷん工場から始めた菓子メーカーが多いですよ」と専務取締役の坂尚憲さん。

資料写真提供：坂栄養食品

しお味
フライ
A
ラインサンド
Line Sand
SAPPORO BEER CRACKER
ビールクラッカー
SAKA NUTRITIOUS FOOD CO., LTD

しおA字フライ

昭和30年に誕生したアルファベット型のビスケット。「子どもの頃、自分の名前を並べて、遊びながらアルファベットを覚えた」と懐かしむファンも多いロングセラー。発売当初は、個人商店の瓶ケースなどに入れて量り売りされていた。

ラインサンド

レース模様がなんとも愛らしい「ラインサンド」は、良質のクリームをサンドしたビスケット。昭和27年に発売された坂栄養食品最初の商品である。一口ではなく、二口三口食べて満腹感を得られるように細長い形にしたとか。

サッポロビールクラッカー

サッポロビールとのコラボ商品で、一口サイズの塩味クラッカー。落花生を練り込んだ塩味の豆菓子が入り、ビールのつまみにぴったり。店頭では、工場直売店とサッポロビール園などで販売。物産展やネット販売で大人気。

北海道のおやついろいろ

北海道のおやつは、なんと言っても地元産の良質な素材が自慢。本州から伝えられた味を独自に発展させたものも多い。

PACKAGE

札幌市

中華饅頭（こしあん）
日糧製パン

北海道で中華まんじゅうといえばこの三日月型の和菓子。和菓子の生地の中花種から転じて「中華」となり、冠婚葬祭の引き出物の定番。日糧製パンではそれをやや小振りにして日常のおやつに。地元産の小麦の生地を香ばしく焼き、甘すぎないこし餡がほろりとした口溶け。

住 北海道札幌市豊平区月寒東1条18-5-1
電 011-851-8488
通 不可

札幌市

福かまど べこ餅
日糧製パン

本州でくじら餅とも呼ばれる和菓子が、北海道ではべこ餅の名で端午の節供として親しまれている。こちらの日糧製パンのべこ餅は通年の販売。上新粉の歯切れの良い食感に黒糖のほのかな甘さがよく合う。

住 北海道札幌市豊平区月寒東1条18-5-1
電 011-851-8488
通 不可

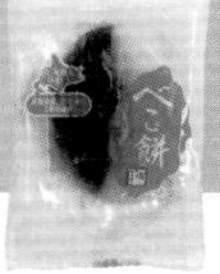

PACKAGE

夕張市

シナモンドーナツ
うさぎや菓子店

夕張市内のスーパーやコンビニで飛ぶように売れる名物ドーナツ。昭和初期に創業した地元菓子店が昭和30年代から製造する。薄めの生地にたっぷりのこし餡。防腐剤代わりというシナモンの風味も良い。

住 北海道夕張市鹿の谷1-34
電 0123-52-4533
通 可（電話、FAX）

厚沢部町

きみげんこつ
北海どん
田村食品

北海道ではポン菓子のことを「どん」と言う。とうきみ（トウモロコシ）からつくるものはきみどん、米のものは米どんと呼ばれ、昔はどん屋が多くいたそう。昭和30年頃創業のこちらの田村食品では、北海道産の質の良い原料を農家から直接仕入れ、製造。他とは風味が違うと評判。

(住) 北海道檜山郡厚沢部町館町135
(電) 0139-66-2056
(通) 可（電話）

函館市

北海道サイコロキャラメル
道南食品

かつて明治が発売していたサイコロキャラメル。平成28年の終売を受け、函館で大正時代から続く道南食品が引き継いだ。練乳などの主原料に北海道産を使い、牛乳パウダーを加えたことでミルク感がよりアップしている。

(住) 北海道函館市千代台町14-32
(電) 0138-51-7187
(通) 可（自社サイト）

札幌市

月寒あんぱん こしあん
月寒ドーナツどさんこプレミアム
ほんま

明治39年の創業当時、「銀座で流行していた桜あんぱんを北海道でもつくりたい」と試作。生地がうまく膨らまず、月餅風の仕上がりが却って名物となり、以来115年にわたり道民に愛されている。昭和25年頃に誕生したドーナツも１日３万個販売するという人気商品。しっとりした生地に甘すぎない餡が美味。

㊟ 北海道札幌市豊平区月寒中央通8-1-10
㊫ 011-851-0817
㊣ 可（自社サイト）

①

②

PACKAGE

②

札幌市

ノースマン ①
山親爺丸缶 ②
札幌千秋庵

創業100年を迎える老舗の代表銘菓。ノースマンは、横浜中華街からパイ饅頭を初代が持ち帰り、２代目と研究を重ね、地元産の原料を使って百層ものパイ生地に仕上げた逸品。ヒグマを意味する山親爺は、道民にはCMでもお馴染み。パリッとした生地は口溶けも良く、優しい味。

㊟ 北海道札幌市中央区南３条西３-13-２
㊫ 0120-378082
㊣ 可（自社サイト）

網走市

みそぱん
古川製菓

PACKAGE

味噌パンは全国のいくつかの地域でつくられるが、北海道のものは生地に味噌を練り込み焼き上げるタイプ。網走の古川製菓では昭和40年代初頭から製造し、しっとりずっしりの生地に赤味噌の風味が香る。
㊟ 北海道網走市海岸町１-１-３
㊢ 0152-43-2812
㊣ 可（楽天市場「ほくべい」）

津別町

塩べっこう飴
ロマンス製菓

PACKAGE

昭和22年、馬鈴薯でんぷんを使った水飴の製造からスタートしたロマンス製菓が、約10年前に開発。表面にシチリア産岩塩の粒をそのまま残し、甘さと塩のバランスが絶妙。
㊟ 北海道網走郡津別町字達美204-19
㊢ 0152-76-2665
㊣ 可（自社サイト）

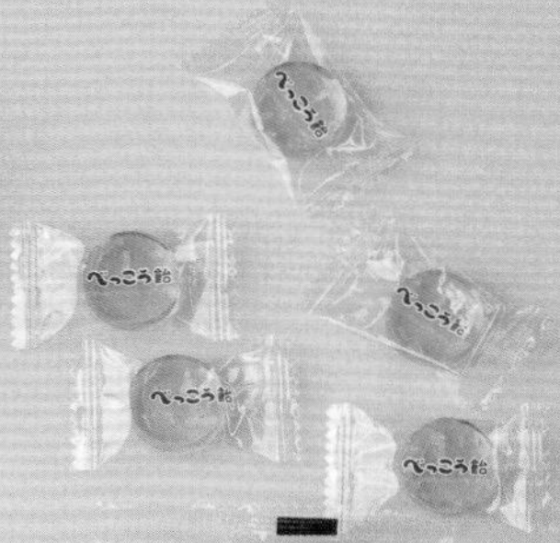

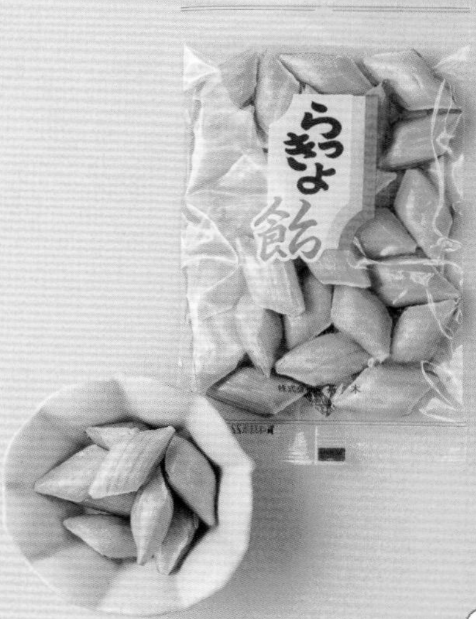

旭川市

らっきょ飴
茶木

らっきょうの形を模した飴。鹿児島などでもつくられるが、北海道でもポピュラーなおやつ。一説にはらっきょうの名産地である福井からの屯田兵によってもたらされたという。醤油の甘じょっぱさが昔懐かしい味。
㊟ 北海道旭川市豊岡３条通６-６-９
㊢ 0166-32-1862
㊣ 可（電話）

旭川市

ビタミンカステーラ
高橋製菓

大正10年頃に誕生した棒カステラに、戦後の栄養不足を改善したいという願いからビタミンB_1、B_2の粉末を加え現在の形に。水分量を極力減らし日持ちが良く、甘さ控えめ。
㊟ 北海道旭川市４条通13左１
㊢ 0166-23-4950
㊣ 可（取引先各種ECサイト）

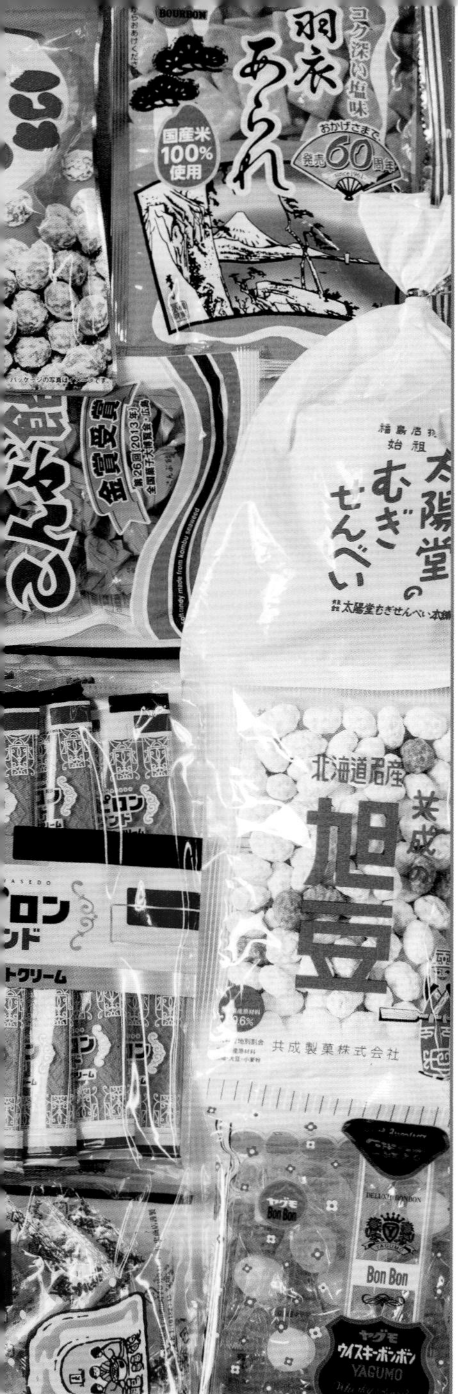

にっぽんのおやつ図鑑 PART 1〈北海道・東北・関東・甲信越・中部 その①〉

長年その地域でつくられてきたものから新しい味まで、各地を代表する名物おやつが大集合。

※各メーカー・店の連絡先や主な販売場所等は巻末に収録しています。

協力／ホーマス・キリンヤ、株式会社ウジエスーパー、トー屋、株式会社カスミ、
とりせん、マルエー、いちやまマート、ツルヤ、株式会社ファミリーストアさとう

北海道

道産子ド定番うずまきかりんとう
浜塚製菓

昭和25年創業のかりんとうメーカーがつくる北海道のローカルおやつ。当初、棒状のかりんとうに混ぜる“脇役”として開発されたため円状で甘さ控えめ。それが受けていまや定番商品に。高温、低温、高温の3度揚げでサクサクッと軽い食感。

PACKAGE

HOKKAIDO

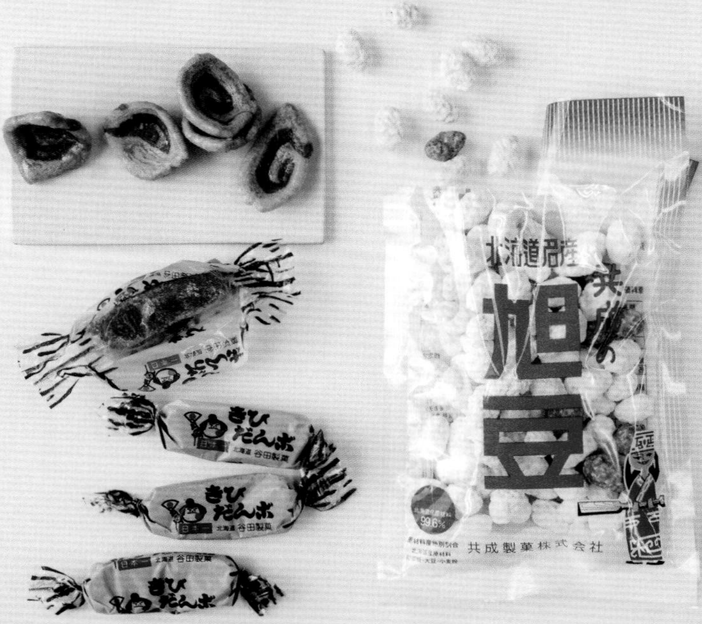

北海道

一口きびだんご
谷田製菓

大正12年、関東大震災の復興を北海道開拓時の精神で助け合おうと、桃太郎をヒントに「起備団合」の字を当ててつくられた菓子。戦中は軍隊の指定物資としても活用されたという。上はその一口サイズで約50年前から発売。つくるのは大正2年に水飴製造からはじまった谷田製菓。

PACKAGE

北海道

旭豆
共成製菓

カリッとした食感に、甘く香ばしい素朴な味。北海道産の大豆と甜菜糖、小麦粉でつくられる昔馴染みの北海道のおやつだ。明治35年に発売されるとたちまち人気となり、一時は類似品が多く出回ったほど。当時旭川にあった陸軍が里帰りの土産としても愛用したという。

青森県

アップルスナック レッド
アップルアンドスナック

青森りんご本来の美味しさを存分に味わえるおやつ。添加物は一切使用せず、りんごにダメージを与えない減圧フライで製造。サクサクの食感で、噛みしめると口の中に自然な甘みがじわっと広がる。

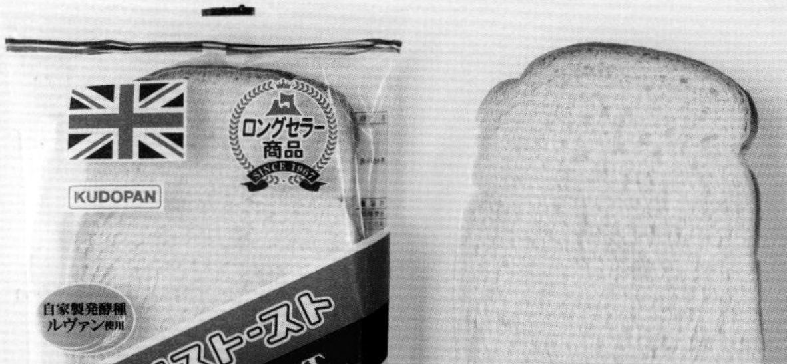

青森県

イギリストースト
工藤パン

山型食パンにバターを塗って砂糖をかけるという地元の習慣をヒントに、昭和42年頃開発。パンの厚さは8枚切りでも10枚切りでもないオリジナル。特製マーガリンとグラニュー糖の配合も門外不出という、青森県民だけの特別なソウルフードパン。

青森県

なかよし
花万食品

約40年前から八戸市民に愛される“珍味おやつ”。塩辛などをつくっていた花万食品が、先代社長の発案で５年かけて製品化。地元で水揚げされるアカイカの大きさと厚みを生かした、弾力ある噛み応え。チーズとの相性が絶妙で、その組み合わせはまさに「なかよし」。

PACKAGE

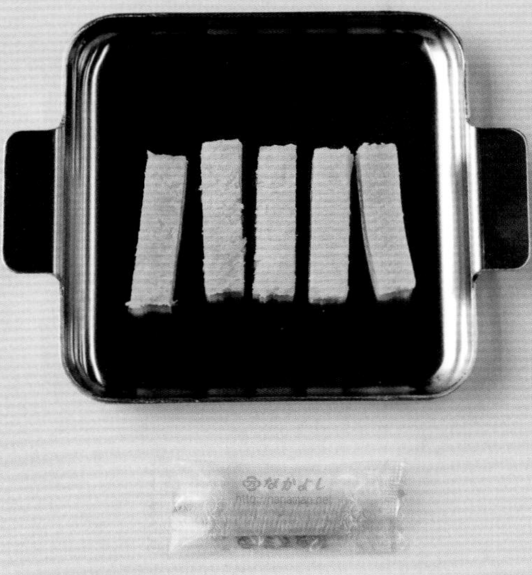

TOHOKU

岩手県

名代厚焼せんべい（ピーナッツ）
佐々木製菓

昭和32年に南部せんべい店として創業した佐々木製菓が、昭和46年に開発。従来のせんべいでもクッキーでもない、甘い手焼きせんべいが誕生した。小麦粉と砂糖、卵とマーガリンを独自の技術で攪拌し、生地を生成。型に落とし、落花生も粒ごと挟み込み焼き上げている。優しい甘さと香ばしさは50年変わらぬ味。

秋田県

あげ干餅
佐忠商店

東北地方の農村の保存食であった干餅。ついた餅を寒吹雪にさらしてつくられるが、こちらはそれをおやつとして食べやすくしたもの。米油でサクッと揚げ、塩味に仕立ててある。黒砂糖味などもありおすすめ。

PACKAGE

岩手県

いかせんべい
南部せんべい乃 巖手屋

岩手の南部せんべい屋として有名な巖手屋で近年評判のおやつ。元々エビやスルメのせんべいが人気だったことから平成８年に開発された。胡麻せんべいの裏に水飴を塗り、サキイカを乗せている。味も見た目も磯の香りが漂う絶品。

PACKAGE

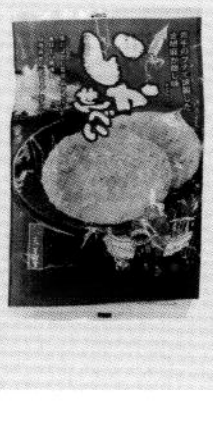

秋田県

バナナボート
たけや製パン

昭和26年に秋田で創業したたけや製パンが昭和30年に発売。食卓の洋風化が進む頃のことで、当時高級品だったバナナを贅沢に使い、フレッシュなホイップクリームと一緒にふわふわのスポンジ生地で包んだ。秋田県民が長年愛するおやつ。

PACKAGE

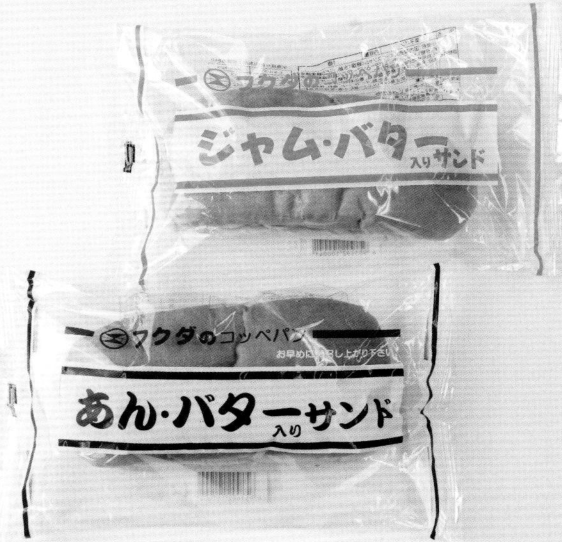

岩手県

ジャム・バター入りサンド / 上
あんバター入りサンド / 下
福田パン

盛岡名物・福田パンのコッペパン。クリームや惣菜など店頭には50種以上のトッピングが並び、好きなものを2種までサンドすることができる。左（写真）は小売店で購入できる袋タイプ。人気のあんバターは約45年前、別々に注文されたあんことバターをうっかり一緒に塗ってしまったことから生まれたそう。

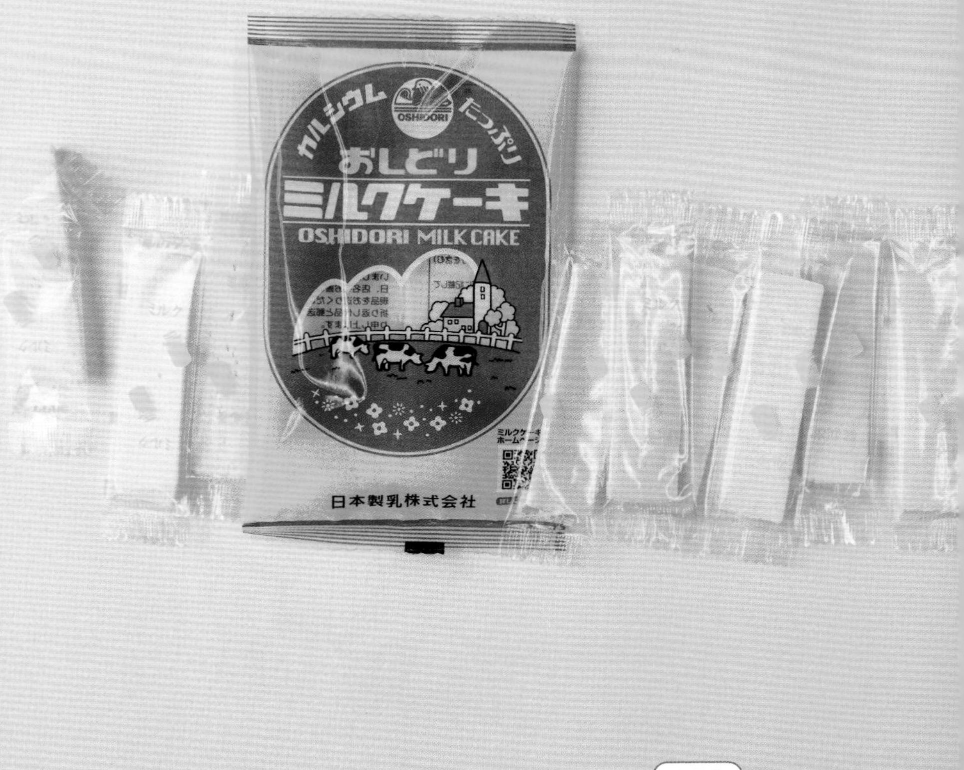

山形県

おしどりミルクケーキ
日本製乳

練乳の素材をそのまま固めたお菓子で、ケーキの名も「cake（固める）」から。パキッとした歯ごたえとコクのある甘さが特徴。戦後の栄養事情の悪い時期に貴重なたんぱく質と糖分を摂取できるものとして誕生した。大正８年に地元酪農家たちが創業した乳業メーカーがつくる。

山形県

でん六豆
でん六

大正13年、山形に創業。いまや全国区となった豆菓子メーカーがつくる、創業者・鈴木傳六の名を冠した看板商品。衣をまとったピーナツに砂糖をまぶし、程よい甘さと香ばしさが後を引く美味しさ。昭和31年発売のロングセラー。

PACKAGE

宮城県

パパ好み
松倉

「ママも喜ぶパパ好み」のキャッチフレーズでお馴染みの宮城・古川名物。油を使わず丹念に焼き上げた数種のあられとアジやピーナツが入る。70年前の創業当時はそれらをバラ売りしていたが、お客の要望でミックスして売り出したところ評判に。

PACKAGE

宮城県

特上まころん
渡辺製菓

創業大正３年の渡辺製菓が戦前から製造。先々代のアイデアでアーモンドの代わりに落花生がふんだんに使われており、その濃厚な風味が特徴。小麦粉は不使用。口に入れるとサクッと溶け崩れる食感にファンが多い。

PACKAGE

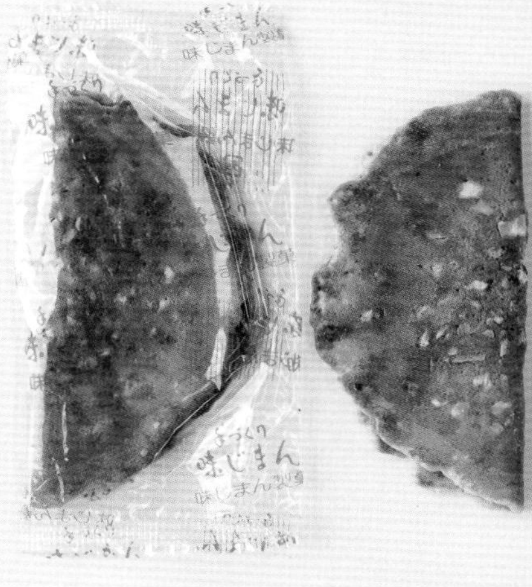

宮城県

ピーナッツ入　味じまん
味じまん製菓

砕いたピーナツの香ばしさとサクサクした食感が自慢の小麦せんべい。昭和18年に創業し、昭和51年に「味じまん」が誕生して以来その味一筋。東日本大震災で被災し製造中断を余儀なくされたが、再開を願う多くの声を受け一年後に復活。今も宮城県民の庶民の味として愛される。

PACKAGE

福島県

太陽堂のむぎせんべい
太陽堂むぎせんべい本舗

地元で土産物としても評判のおやつ。創業者が八戸で南部せんべいの製法を学び、昭和２年に福島で開業。独自の味に発展させた。小麦粉と落花生を原料とし、ぱきっと固い歯ごたえ。その名の通り暖かい太陽のようなほっとする味。

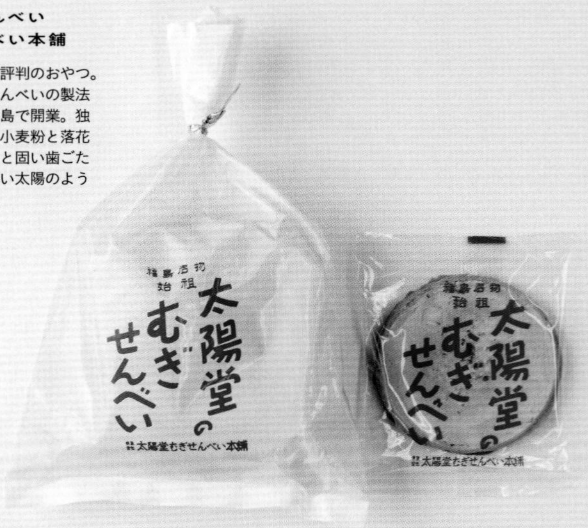

福島県

おばけせんべい
日本メグスリノキ本舗

30cmもある袋に子どもの手のひら大のせんべいがたっぷり。福島・棚倉町で30年前から親しまれてきた味だが、製造者の高齢化により生産停止に。６年前から現在のメーカーが引き継いだ。生地には地元産コシヒカリを使い、ほんのりした塩味のバランスも良く飽きがこない。

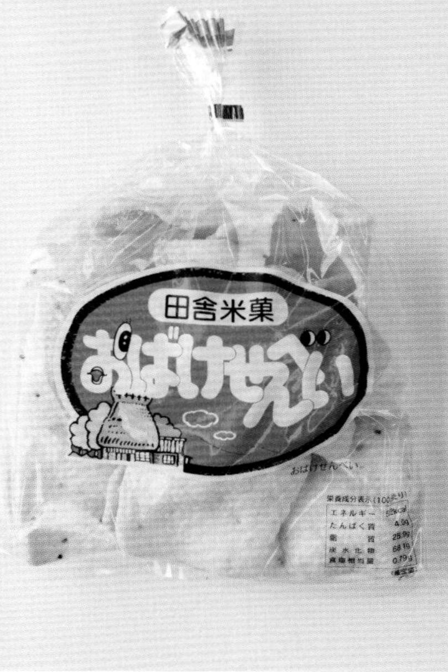

栃木県

あんドーナツ
本橋製菓

北関東と東北で販売される人気商品。東京で創業し、鬼怒川温泉土産を製造していた本橋製菓が、日常のおやつをつくりたいと宇都宮に移転。昭和42年にあんドーナツが誕生した。一日の製造量を限定し、毎朝丁寧に仕込む滑らかなこしあんが自慢。

PACKAGE

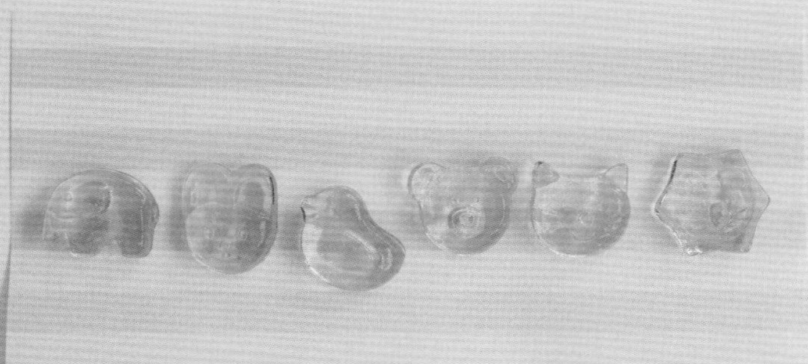

栃木県

どうぶつべっこう飴
野州たかむら

愛らしい動物の形のべっこう飴。昭和40年創業の飴メーカーが、東日本大震災からの復興を目指し自社ブランド品第一号として開発した。直火炊き製法など長年培った技術で仕上げており、優しい甘さと滑らかな舌触りでたちまち人気商品に。

PACKAGE

茨城県

茨城県産干しいも　たまゆたか
マルヒ

干しいもの全国生産高８割を占めるひたちなか市で、半世紀以上にわたり製造販売を手がけるマルヒ。地元提携農家のサツマイモを使用し、昔ながらの天日干しにこだわる。ここでしか獲れない干しいも専用品種「たまゆたか」が特に評判で、天然の甘みが噛めば噛むほど口に広がる。

PACKAGE

茨城県

純米せんべい
立正堂

昭和44年発売。当時、せんべいといえば固焼きのしょうゆ味が主流だったが、幅広い層に向けた新しい味をと開発。高級品だったサラダ油を使用しシンプルな塩味に仕上げた。さっくりした食感も受け、熱烈なファンを持つロングセラーに。

PACKAGE

茨城県

ハートチップル
リスカ

茨城県民が誇るご当地スナック・ハートチップルは、昭和48年に発売。ハートが散りばめられたポップなパッケージを開けるとニンニクの香りが一面に広がる。風味は強いが食感は軽く、ついつい手が伸びる。

東京都

蜂蜜かりんとう〈黒蜂〉
東京カリント

昭和21年に創業した東京カリント。当時競合が数百社あったなかで、昭和33年に「蜂蜜発酵仕込み」という独自の発酵製法を開発。生地に蜂蜜を練り込み、ソフトな食感とまろやかな味わいのかりんとうを生み出した。こだわりの黒蜜は二度焚き製法。全国区だが特に地元関東で人気。

PACKAGE

群馬県

梅しば
村岡食品

昭和のはじめ、農家であった創業者が家族親類を養うため漬物をつくり始めたのが始まり。お茶請けにぴったりのこの梅しばは、昭和50年代半ば、群馬産の白加賀梅を使った商品をと開発。きゅうりのしば漬けの液に漬け込んでみたところ美味しいとわかり、のちにヒット商品に。

PACKAGE

群馬県

ごんじり
村岡食品

梅しば（上）の個包装が人気商品となったのを受けて開発。原料を寒干にすることで大根の旨味がぎゅっと凝縮され、独自の調味液がさらに味わいを生んでいる。

PACKAGE

埼玉県

五家宝
藤田製菓

かつては旅の携行食としても重宝された埼玉のおやつ。もち米を柔らかいおこし種に加工し、水飴にからめて棒状に。きな粉と蜜を練った生地を巻き、切り分けてつくる。こちらの藤田製菓では昭和27年の創業時から製造し、さっくりした口当たりとモチっとした食感が人気。

PACKAGE

KANTO

神奈川県

横浜ロマンスケッチ
宝製菓

戦後の厳しい食糧難を救いたいとパン製造からスタート。以来、横浜の地でビスケットやクラッカーをつくり続ける宝製菓が、地元にまつわる商品をと約30年前から販売する。サクッとしたビスケットに甘いバニラクリームがよく合う。

変わらぬ懐かしい味 東京のおやつ

最新のものがなんでも揃う東京で、長年変わらぬ姿で親しまれてきたおやつたち。一口食べるたび、ほっと安心できる優しい味。

足立区

牛乳入り鈴カステラ
レモンジャムサンドクラッカー
いちごジャムサンドクラッカー
三黒製菓

戦後の混乱期、兄弟・親戚が協力し足立区千住で菓子の製造を開始。その後独立した三男が三黒製菓を設立し、看板だった鈴カステラやジャムサンドの味を受け継いだ。鈴カステラは全国でも製造するメーカーが減り、今ではこの三黒製菓が関東唯一の工場に。ふんわり懐かしい素朴な味を守っている。

(住) 〈埼玉工場〉埼玉県八潮市木曽根415-1
(電) 048-995-7011
(通) 可（電話）

三黒製菓

しっとり甘いカステラ生地にコロンとした愛らしい姿！

牛乳入り鈴カステラ

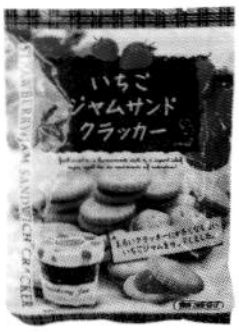

いちごジャムサンドクラッカー　レモンジャムサンドクラッカー

足立区

ようかん巻
トミガセ

昭和45年の創業時、他では大量につくっていない菓子を提供したいという思いから始めたのがこのようかん巻。寒天や生餡などを銅釜でじっくり煮込み、数日寝かせてようかんを仕上げ、生地をくるりと職人技で巻きつける。手間も時間も掛かるが父子二代で丁寧につくり続け、現在ようかん巻を専業で製造するのは全国でもここだけという。

(住) 東京都足立区江北1-20-11
(電) 03-5809-5031
(通) 不可

ようかん巻

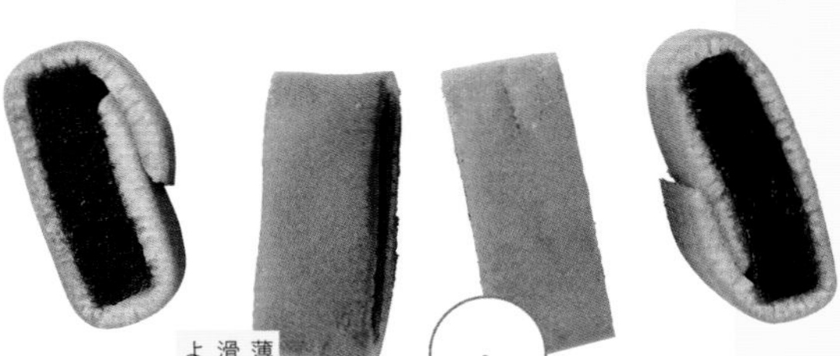

薄い生地に滑らかな口当たりのようかん！

トミガセ

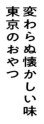

三矢製菓

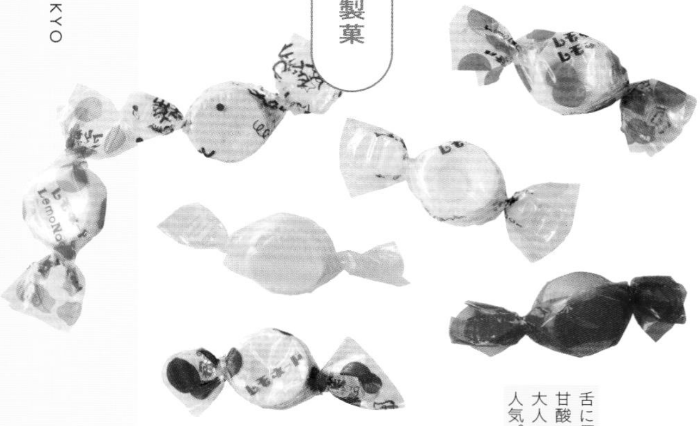

舌に優しい甘酸っぱさで、大人にも子どもにも人気。

レモネード

荒川区

レモネード
三矢製菓

三矢製菓は昭和10年に荒川区で創業。当初からラムネ菓子を製造し、昭和45年頃にのちのロングセラー・レモネードが誕生した。商品名は「ハイカラな名前を」というアイデアから。味はサイダー、いちご、オレンジ、パイナップルの4種。パイナップルは当時お洒落な南国フルーツの代表だったそう。都内のスーパーなどで販売され、見付けるとなんとも嬉しく懐かしい気持ちになる。

(住)〈八潮工場〉埼玉県八潮市浮塚886-1
(電)048-994-5222
(通)不可

丸昭高田製菓

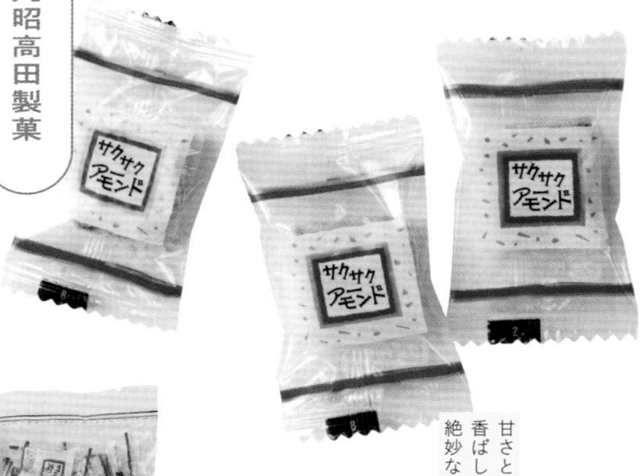

甘さと香ばしさが絶妙なバランス!

サクサクアーモンド

足立区

サクサクアーモンド
丸昭高田製菓

おこしメーカーとして、昭和44年に足立区で創業。サクサクアーモンドは今から約35年前、スナックのように食べやすく洋風の味わいを持ったおこしをつくろうという思いで開発された。ローストアーモンドの香ばしい風味に、小麦パフの軽い食感。一口食べたら止まらなくなり、1袋あっという間に食べきるというファンも多い。

(住)〈埼玉・吉川事務所〉埼玉県吉川市中野321-8
(電)048-971-8960
(通)可(電話)※12袋〜

新潟県

元祖柿の種 M
浪花屋製菓

日本を代表するおやつ・柿の種の元祖。大正14年、創業者・今井與三郎の妻があられの金型を誤って踏み潰し、歪んだ形のまま売り出してみたところ「柿の種のようだ」と言われたのがその始まり。ピリ辛の香ばしい味に手が止まらない。

PACKAGE

KOSHINETSU

新潟県

アルミ羽衣あられ
ブルボン

大正12年の関東大震災で地方への菓子供給が止まった窮状をみて、新潟県柏崎で創業。ルマンドなど、数々の人気商品を誇る菓子メーカーに。そのブルボンが現在販売する中で最も長い歴史を持つのがこの羽衣あられ。昭和36年に誕生し、パリパリとした食感ともち米の風味が美味と西日本を中心に人気。

PACKAGE

新潟県

網代焼
菓子道楽 新野屋

明治27年に和菓子店として創業。多くの人に菓子を楽しんでもらいたいと、当時どこにもなかった機械によるせんべいの製造を目指し明治40年にこの網代焼が誕生した。当時は小魚の粉、今は海老の粉が隠し味。ぷっくりした小さな魚型も可愛らしく、おつまみにも良い。

PACKAGE

新潟県

まめてん〈しお味〉
大橋食品製造所

昭和37年に発売開始。豆腐店を営んでいた先代が大豆を使ったお菓子をつくろうと考案した。地元の米粉を使用した生地に大豆を乗せ、一枚一枚手で焼き上げてから米油で揚げるというこだわり。パリパリの食感と香ばしさが評判。

新潟県

もも太郎
セイヒョー

昭和20年頃、地元の祭りで売られていた氷菓子がルーツ。桃の形の木型に砕いた氷を詰め、シロップをかけ割り箸を刺したもので、その味をいつでも楽しめるようにと製品化。大正５年に製氷メーカーとして創業した会社ならではのザクザクとした氷粒の食感が自慢。

山梨県

栗しぐれ
鈴木製菓

長野・飯田の銘菓・栗しぐれを山梨でもとつくり始めたのが50年前。白餡も自社で製造するため１日１tの豆を炊き、毎日２万袋を出荷する。当初は原材料に栗は含まれていなかったが、近年は栗ペーストを加え、よりまろやかな味に。

長野県

英字ビス のり風味
米玉堂食品

明治36年に創業し、戦後から本格的にビスケットの生産をスタートした米玉堂食品。その後まもなく誕生したこの英字ビスは、アルファベットと数字の形も可愛い人気のおやつ。生地に練り込まれたあおさの風味と程よい塩味が絶妙。

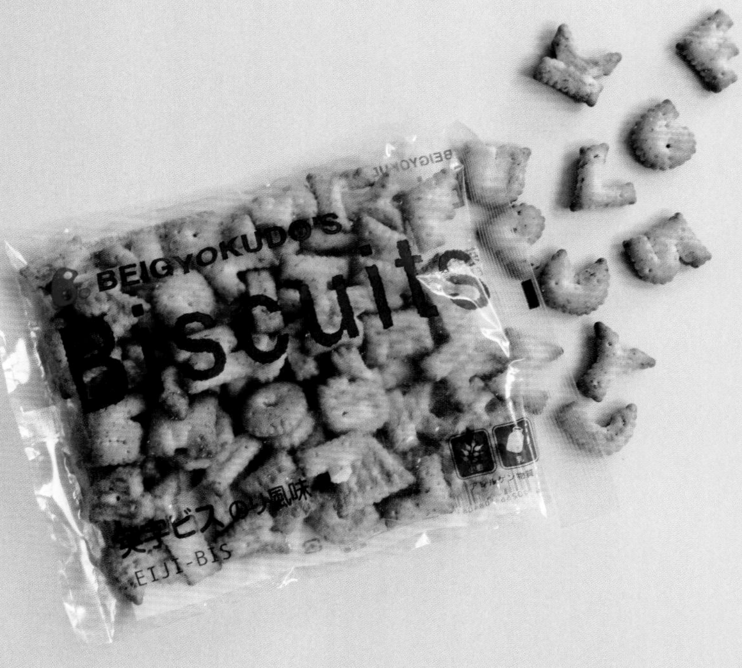

長野県

鉱泉せんべい / 右
牛乳せんべい / 左
原山製菓

長野県民にお馴染みの鉱泉せんべい。原山製菓が明治37年の創業当時からつくるものは、軽い食感の懐かしの味。左の牛乳せんべいは、水を使用せず信州産牛乳のみで生地を練って仕上げているそうで、香料不使用でも香りと風味が豊かと評判だ。

PACKAGE

長野県

みそぱん
日新堂製菓

北海道や群馬、福島と並んで長野・中信地方でもみそパンはお馴染み。入学式で熨斗紙に包まれた大判のみそパンが配られる風習も残り、製法は江戸末期の軍隊保存食の流れを汲む。明治42年創業の日新堂製菓では約40年前から製造。ソフトな食感が特徴でほのかなしょっぱさも美味。

PACKAGE

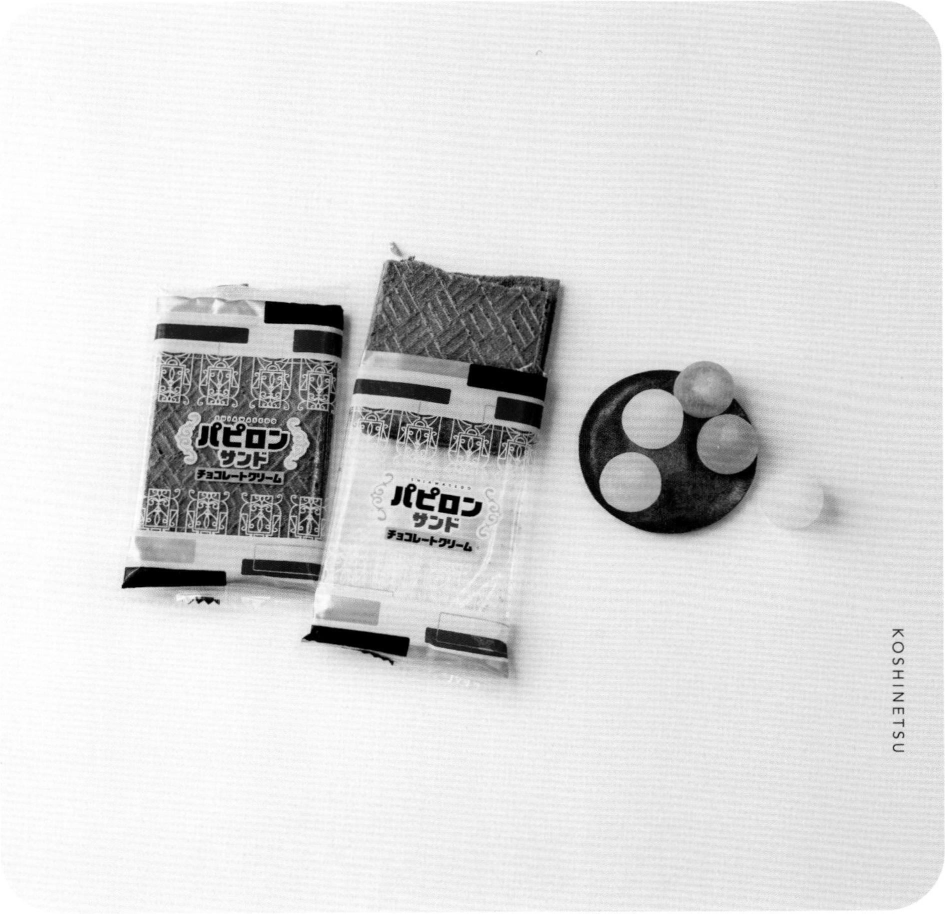

長野県

パピロンサンド
チョコレートクリーム
お菓子のシアワセドー

昭和レトロな佇まいが可愛らしい欧風せんべい。少し固めのパリッと香ばしい生地に、なめらかなチョコレートクリームをサンド。シンプルな味に飽きがこない。長野・飯田で半生菓子や焼菓子を製造するシアワセドーの人気のおやつ。

PACKAGE

山梨県

八雲のウイスキーボンボン
八雲製菓

甘納豆で知られる八雲製菓が、戦後の甘い菓子の需要に応えて開発。愛らしいルックスがファッション菓子としても人気を呼んだ。当初は潰れやすいことが難点だったが、ゼラチンを加えることで克服。甘いキャンディをサクッと噛めば、ウイスキーの香りが口いっぱいに広がる。

PACKAGE

石川県

ビーバー / 右
白えびビーバー / 左
北陸製菓

大正7年、地元・石川のもち米を使ったあられの製造から始まり、7年後にビスケットの製造を開始した北陸製菓。看板商品ビーバーは昭和45年に誕生した。大阪万博カナダ館前に置かれたビーバー人形の前歯に似ているとその名が付けられたそう。日高昆布を練り込んだ生地のサクサクした食感がクセになる。

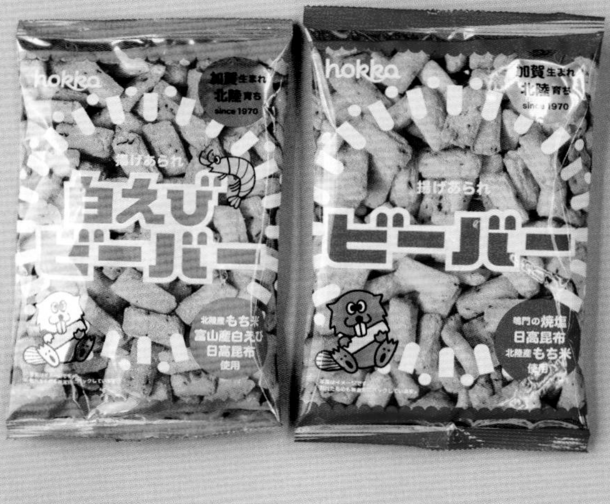

石川県

ユレーカ
北陸製菓

揚げあられ・ビーバー（右）でお馴染みの北陸製菓が昭和50年から製造。ミルクと爽やかなレモンの風味が特徴の、口溶けの良いビスケット。幾何学的な形にレリーフが施されたデザインも愛らしい。

PACKAGE

石川県

ハードビスケット
北陸製菓

昭和53年に誕生。当初「チャンス」と名付けられたが一般名称であるハードビスケットと呼ばれることが多く翌年改称。その名残である「CHANCE」や「HORICO」（当時の社名の愛称）の刻印は、今も同じ型を使用していることの証し。

PACKAGE

石川県

シガーフライ
北陸製菓

昭和20年代半ばからつくられているという、塩味の効いたスティックタイプのビスケット。メッシュ（網）ではなく鉄板タイプのベルトに乗せオーブンで焼き上げるのがポイントで、さっくり軽い口溶けに。

PACKAGE

富山県

北越サラダかきもち
北越

創業から86年を数えるおかきメーカー・北越がつくるのは、地元・富山がトップクラスの消費量を誇る昆布を練り込んだおかき。昭和39年の発売当初は味付けに脱脂粉乳を使用していたことからミルクサラダと呼ばれ、シンプルなサラダ味となった今も「牛のおかき」として親しまれ続けている。

PACKAGE

岐阜県

馬印三嶋豆
馬印三嶋豆本舗
（長瀬久兵衛商肆）

日本で最も古い歴史を持つ豆菓子屋が、明治初年、お年寄りの滋養強壮のためにと考案。国産大豆を炭火で煎り、砂糖とでんぷんを何層にもかけて仕上げている。緑の青海苔豆は、乾燥剤のなかった時代に余計な水分を吸う役割を果たしていたそう。

PACKAGE

岐阜県

ソフトこんぶ飴
浪速製菓

昆布文化が栄えた大阪で昭和２年に創業。料理よりもっと気軽にという創業者の発案で、昆布飴が誕生した。当初は固い食感だったが、昭和35年、時代に先駆けてソフトタイプも発売。保存料などを一切使用しない豊かな風味がやみつきに。

PACKAGE

岐阜県

カニチップ
ハル屋

昭和38年創業のハル屋がつくる、東海地方で人気のスナック菓子。昭和56年に誕生した。生地の主成分はでんぷんで、舌の上で溶けるような軽い口当たりが特徴。全体的に薄味に仕上げてあるが、先代の妻のアイデアで完成したというカニパウダーの旨味が効いている。

PACKAGE

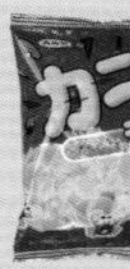

岐阜県

豆つかげ
大塚

飛騨地方で古くから食べられていたおやつを昭和46年から販売。「つかげ」とは、この地方の方言で揚げたものという意味。砂糖と醤油、小麦粉を混ぜた衣に大豆をつけて揚げただけの素朴な菓子。一口つまめば、大豆の旨味が口いっぱいに広がる。

岐阜県

しきしまのふーちゃん
敷島産業

しっかり密度の高い焼き麩に黒蜜糖をコーティングしたおやつ。口溶けが良く甘さも絶妙で、いくらでも食べられる。昭和22年に創業し、カット麩の開発で知られる敷島産業が昭和52年から製造しており、長良川の鵜と「ふ」の文字から生まれたキャラ・ふーちゃんが目印。

PACKAGE

福井県

マリート
オーカワパン

福井県民が愛するローカルおやつパン。昭和51年、当時人気のあった人形焼きの風味や香りをパンで再現しようと開発された。その担当者の名前「松森としお」にちなみ、創業者がマリートと命名。しっとり甘い生地が子どもから年配まで人気。

福井県

青ねじ
朝倉製菓

けんけらをはじめ、福井では伝統的に大豆を使った菓子が多くつくられる。明治19年創業、朝倉製菓の青ねじも昔馴染みのおやつで、きな粉（大豆）に水飴や砂糖を加え練ってつくる。ねじりもすべて手作業。柔らかな食感ときな粉のほのかな甘みが美味しい、素朴な味。

PACKAGE

福井県

雪がわら
亀屋製菓

上質な昆布をカリカリに焼き、砂糖をまぶして乾燥させた菓子。亀屋製菓の先代が、雪の積もる瓦に見立て考案した。昭和35年の誕生から変わらぬ製法で、砂糖掛けと乾燥を13回も繰り返し仕上げるという。甘さと塩辛さが同居し、クセになる美味しさ。

PACKAGE

半生菓子の聖地　長野県飯田市

小さな最中にどら焼き、最近では洋風のバウムクーヘンなど、スーパーで菓子コーナーの一角を占める多様な半生菓子。子どもの頃、親戚の家で出された記憶があるような、どこか懐かしさを感じさせる顔ぶれだ。

これらのパッケージの裏面を見てみると、その多くが長野で製造されていることに気付く。特に飯田市は全国の半生菓子生産量のシェア40%を占め、半生菓子の聖地といえる場所だ。そこにはかつて城下町として栄え、茶の湯の文化と共に菓子づくりが発展した背景がある。

そんな飯田の半生菓子が全国に知れ渡るきっかけとなったのは、昭和35年頃、地元で多くつくられていた菓子「栗しぐれ」のヒットだった。

飯田で昭和7年から製菓原材料の卸業を営んでいた外松の外松秀康社長によると、「飯田と言えば栗しぐれ」という時代があったそうだ。更に時代が進むなか機械化による大量生産が可能となり、外松は昭和43年頃から地元で消費しきれなくなった菓子を県外に移出する卸売事業に乗り出すことになる。まもなく飯田に初めての高速道路が開通し、輸送量の増大が予測される頃でもあった。

こうして飯田の半生菓子は全国でますます周知されていくことになる。ところで半生菓子といえば、数種がひとつの袋に入ったアソートタイプが思い浮かぶ人もいるだろう。この「ミックス」を初めて売り出したのが外松である。昭和40年代半ば頃まで、菓子は店頭の量り売りが主流だったが、スーパーの出現によって袋タイプの商品が求められるようになり、そこで開発したのがミックスだった。

「袋タイプが主となることで販売する商品が限られると、取引先のメーカーに対して不公平が出る。そこでいろんな種類を詰め合わせてはどうか、と。様々な半生菓子の製造業者が集まる飯田だから実現できたアイデアです」（外松社長）

当初は「残り物を集めたのではないか」と敬遠されたそうだが、昭和50年代に入ると軌道に乗り今では飯田の半生菓子を代表する商品に。当初から飯田の名物であった餡が主役の和菓子のほか、パイやブッセなど洋風のミックスも人気だ。

「どうしても購買層の年齢が高いため、今後は若い層に向けた商品開発が課題」と外松社長は言う。時代に合わせて半生菓子も進化を続けるが、ノスタルジーを誘う佇まいと安心感のある美味しさが変わることはないだろう。

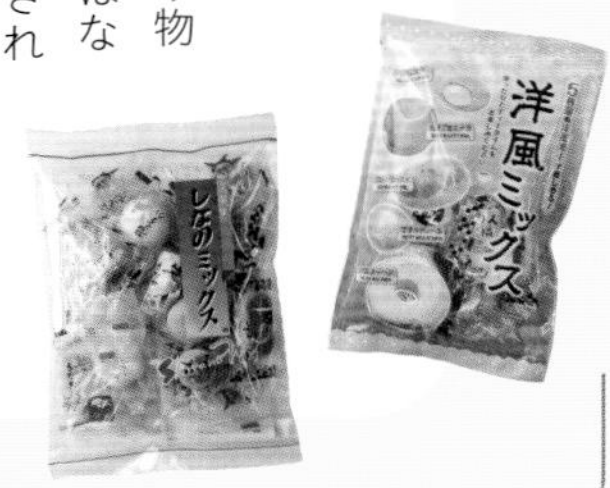

半生菓子：水分含量を抑えることで日持ちをよくした菓子。

どこかレトロで愛らしい、外松の半生菓子。ぷりん大福やペクチンを使ったゼリー菓子など、近年のヒット商品も。昭和40年代から発売される「伊那節シリーズ」も人気。

飯田市

外松

㊟ 長野県飯田市松尾上溝3014-2 飯田卸団地
㊞ 0265-22-2750
㊢ 可（自社サイト）

ローカル飲み物コレクション

全国区の知名度を誇るものから、県民以外はほぼ知らないという幻の味まで。各地域で愛される、ご当地ドリンクが大集合！

北海道

北海道日高乳業ヨーグルッペ
北海道日高乳業

北海道と九州を中心に人気の乳酸菌飲料。北海道版のヨーグルッペは、南日本酪農協同の姉妹品として平成4年に北海道日高乳業から登場した。北海道産の生乳を使い、３種類の乳酸菌を配合。甘さと酸味のバランスがちょうど良いと道民から支持を得て、ロングセラーに。

㊟ 北海道沙流郡日高町富川東２-920
㊮ 0120-621-071
㊟ 可（取引先各種ECサイト）

北海道日高乳業
ヨーグルッペ

HOKKAIDO
HIDAKA
MILK
PRODUCTS
北海道日高乳業
ヨーグルッペ
Yoghurppe
乳製品乳酸菌飲料（殺菌）
200ml イラストはイメージです。

パッケージも北海道オリジナル！

シャイニー
アップルジュース
レギュラー

Shiny
果汁100%
シャイニー
アップルジュース

サツラクハミン

サツラク
ハミン

生菌
サツラク
ハミン
毎日1本
朝のハミン！
要冷蔵
(10℃以下)
325ml
(65ml×5本)
乳製品乳酸菌飲料

青森県

シャイニーアップルジュース レギュラー
青森県りんごジュース

青森県民にはシャイニーの名でお馴染みのりんごジュース。昭和33年の発売で、当時りんごジュースといえば透明が常識だったが、国内初の混濁果汁100%の缶ジュースとして誕生した。ふじや王林など複数の品種を使い、濃縮・加水しないストレート製法でりんご本来の味が味わえる。

㊟ 青森県黒石市相野178-２
㊮ 0570-048121
㊟ 可（電話、FAX、Yahoo!ショッピング、楽天市場の各ECサイト）

北海道

サツラクハミン
サツラク農業協同組合

明治28年に北海道初の民間酪農団体を母体として誕生したサツラクが販売する乳酸菌飲料。昭和47年から販売される。L.カゼイ菌を使用し、おやつとしても飲みやすい甘く懐かしい味。

㊟ 北海道札幌市東区丘珠町573-27
㊮ 0120-369014
㊟ 不可

コアップガラナ

北海道

コアップガラナ
小原

昭和30年、コカ・コーラに対抗し全国の飲料メーカーが協同開発したガラナ。北海道では今も数社が製造し、道民には馴染み深い存在だ。昭和35年から発売する小原のガラナは、道南の名峰・横津岳の伏流水を使用し、糖分の主原料は北海道産のじゃがいもという地元産素材にこだわったご当地ドリンク。

(住) 北海道亀田郡七飯町字中島29-2
(電) 0138-65-6545
(通) 可（ECサイト「もっと!!函館どっとこむ」）

酪王カフェオレ

福島県

酪王カフェオレ
酪王協同乳業

地元・福島で愛される酪王ブランドのカフェオレ。発売は昭和51年。福島県産の生乳を多く使用し、しっかりとした甘さとコクのあるクリーミーな味わいが人気の秘密だそう。近年は同シリーズのアイスも評判。

(住) 福島県本宮市荒井字下原14
(電) 0243-36-3175
(通) 可（自社サイト）

「ソフトカツゲン」

青森県

みしまバナナサイダー
八戸製氷冷蔵

青森・八戸の名物サイダー。大正10年に飲料事業を始めた製氷メーカーが昭和37年頃から発売する。当時高級品だったバナナを多くの人に味わってほしいという思いで開発されたそう。強めの炭酸にほんのり甘いバナナの風味が香る。

(住) 青森県八戸市白銀1-8-1
(電) 0178-33-0411
(通) 可（自社サイト）

みしまバナナサイダー

北海道

「ソフトカツゲン」
雪印メグミルク

「ソフトカツゲン」は、昭和31年発売の「雪印カツゲン」をより飲みやすく改良したもの。昭和54年に発売された。名前の由来は「活力の給源」から。80年以上前に軍隊の要望で、上海で供給した飲料と同じ乳酸菌を現在も使用しているという。甘みと酸味を抑えたスッキリした味わい。

(住) 東京都新宿区四谷本塩町5-1
(電) 0120-301-369
(通) 不可

福井県

ローヤルさわやか
さわやかメロン
北陸ローヤルボトリング
協業組合

県外ではほぼお目に掛かれないという幻のご当地ドリンク。今から約40年前、珍しいメロン味のソーダとして開発された。さわやかサイダー自体はもともと全国の中小飲料メーカーが統一商標として昭和51年から製造していたものだが、現在その名の商品をつくるのはこちらの北陸ローヤルボトリングのみだそう。

(住) 福井県福井市上野本町4-101
(通) 可（自社サイト）

ローヤルさわやか
さわやかメロン

微炭酸の優しい味！

山形パインサイダー

山形県

山形パインサイダー
山形食品

昭和30年代、当時の山形ではなかなか口にできなかった南国フルーツの代表・パイナップルへの憧れから誕生したと言われ、今ではご当地ドリンクとして広く県民に知られる。パインの華やかな黄色は、県花・紅花の色素を使用して表現しているそう。

(住) 山形県南陽市漆山1176-1
(電) 0238-47-4595
(通) 可（自社サイト）

プラムハニップ

和歌山県

プラムハニップ
プラム食品

梅の産地である和歌山では、昔から青梅に氷砂糖を加えた梅シロップがつくられていた。こちらのプラムハニップは、その製品化のために創業したというプラム食品が昭和44年に発売。酸っぱさゆえ果汁を敢えて10%に抑え、さらに蜂蜜を加え飲みやすく仕上げている。

(住) 和歌山県西牟婁郡上富田町生馬1474-1
(電) 0739-47-2895
(通) 可（自社サイト）

COWFFEE カウヒー

富山県

COWFFEE カウヒー
とやまアルペン乳業

昭和17年創業の地元乳業メーカーが約70年前から販売していたが、平成11年の社名変更に合わせ商品名をリニューアル。「cow（牛）」と「coffee」からカウヒーと名付けた。誕生当時から変わらない製法で、添加物などは一切加えず、新鮮な牛乳本来の甘さが味わえる。

(住) 富山県富山市林崎1223-1
(電) 076-428-1021
(通) 不可

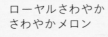

関東・栃木レモン

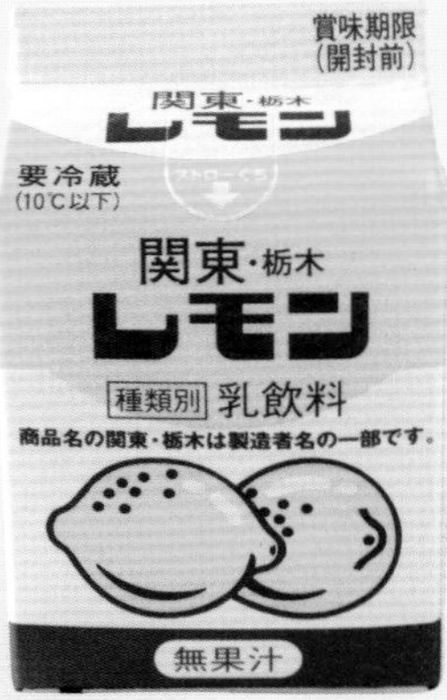

栃木県

関東・栃木レモン
栃木乳業

いまや全国区の知名度を誇るレモン牛乳。戦後、関東牛乳から発売されていたが、平成16年、同社の廃業により一旦製造中止に。惜しむ声を受け栃木乳業が引き継いだ。レモン果汁は入っていないそうだが、甘酸っぱい香りとミルクのまろやかさがどこか懐かしさを感じさせる。

㊟ 栃木県栃木市大平町川連432
㊒ 0282-24-8831
㊤ 可（自社サイト）

毎日ドリプシL

大阪府

毎日ドリプシL
日本酪農協同（毎日牛乳）

昭和23年に大阪・岸和田で創業した日本酪農が発売する乳酸菌飲料。ドリプシという聞きなれない名は、ロシアにあった長寿村から取られたという。発売当初の昭和40年代にはCMも放送されていた。すっきりした甘さが特徴で、子どもにも飲みやすいと長年愛飲される。

㊟ 大阪府和泉市小田町1-8-1
㊒ 0725-41-7111
㊤ 可（自社サイト ※1ケース～）

アップルの名だが味はみかん風味！

缶はリバーシブル仕様！

ひやしあめ・あめゆ

アップル水

大阪府

ひやしあめ・あめゆ
日本サンガリアベバレッジカンパニー

水飴をお湯で溶き、ショウガの絞り汁を加えたひやしあめ。関西地方の庶民の味として定番だ。サンガリアでは昭和50年代前半から販売し、高知県産ショウガの豊かな風味と蜂蜜の程良い甘さが相まって飲みやすい。夏は冷たいひやしあめ、冬は温かいあめゆとして楽しめる。

㊟ 大阪府大阪市東住吉区中野4-2-13
㊒ 06-6702-5071
㊤ 可（自社サイト）

兵庫県

アップル水
兵庫鉱泉所

お好み焼き屋や銭湯、駄菓子屋に置かれ、神戸っ子の幼少期の思い出と共にあるアップル水。長田区の兵庫鉱泉所では昭和27年から製造し、原材料と製法を一切変えずに昔ながらの味を守り続ける。現在こうしたリターナブル瓶の飲料をつくるのは市内でここだけだそう。

㊟ 兵庫県神戸市長田区菅原通1-8
㊒ 078-576-0761
㊤ 不可

白バラコーヒー

昭和30年頃に前身の瓶タイプが発売!

鳥取県

白バラコーヒー
大山乳業農業共同組合

鳥取県民に愛され、近年ではその美味しさから県外でも知られるようになったご当地ドリンク。大山乳業農業協同組合が製造し、30年以上もの間、子どもから大人まで幅広い層に愛され続ける定番商品。鳥取産の生乳を70%使用し、シンプルな味ながら甘みとコク、香りのバランスが絶妙。

㊟ 鳥取県東伯郡琴浦町保37-1
㊔ 0858-52-2211
㊮ 可（自社サイト）

島根県

ミニフルーツ
島根中酪

島根中酪がつくるフルーツ乳飲料。昭和40年代から製造され、かつては瓶タイプが宅配や商店で販売されていた。甘すぎない素朴な味がなんとも懐かしい気分にさせる。

㊟ 島根県出雲市平野町302
㊔ 0853-22-5300
㊮ 不可

ミニフルーツ

スマックゴールド

微炭酸で幅広い年代に飲みやすいと人気!

広島県

スマックゴールド
桜南食品

昭和40年代、東海地区の飲料メーカーを中心に統一商標・スマックが誕生。当初は王冠蓋だったが、量販店の流通に対応するためネジキャップのスマックゴールドにリニューアルした。現在も製造を続けるのは数社のみ。各社で少しずつ味が異なり、こちらの桜南食品のものは練乳の甘さとりんご果汁の酸味が効いた懐かしい味わい。主に広島・三原市内のスーパーで購入できる。

㊟ 広島県三原市西野1-1-1
㊔ 0848-64-6611
㊮ 可（電話）

長崎県

クールソフト
ミラクル乳業

佐世保市を中心に長崎県内で販売されるクールソフトは、昭和51年の発売。当時の日本人の食生活の変化に伴い、新しい乳酸菌製品をと開発されたそう。甘い味わいが特徴だが、後味はすっきり。製造元は、地元で学校給食の牛乳も提供するミラクル乳業。

㊟ 長崎県佐世保市田原町16-20
㊟ 0956-41-0369
㊟ 不可

クールソフト

リープル

高知県

リープル
ひまわり乳業

高知県民なら知らぬ人はいないというソウルドリンク。40年以上前から販売されているロングセラーだが、はっきりした発売年や開発の経緯はひまわり乳業社内でも誰も知らないという謎多き商品。甘い口当たりだが後味はすっきりさわやか。

㊟ 高知県南国市物部272-1
㊟ 088-864-5800
㊟ 可（自社サイト、電話）

みどりラクトコーヒー

かぼすドリンク
Cサワー

大分県

みどりラクトコーヒー
九州乳業

前身となる商品が昭和53年の発売というロングセラーのミルクコーヒー。チルドタイプ（写真）と常温で長期保存が可能なロングライフタイプがあり、いずれも昔ながらの味が懐かしいと地元・大分県民に親しまれる。

㊟ 大分県大分市大字廻栖野3231
㊟ 0120-014-369
㊟ 不可　※ロングライフタイプは自社サイトより通販可

大分県

かぼすドリンクCサワー
大分県農業協同組合

地元の特産・かぼすの知名度向上のため、昭和46年頃、大分県農協（当時・竹田市農協）が九州大学と協同で開発。かぼすの酸味が程良いすっきりした味わい。

㊟ 大分県竹田市飛田川2095-1
㊟ 0974-64-3463（豊肥事業部）
㊟ 可（電話、FAX、JAタウンのECサイト）

スコール

「愛のスコール」のキャッチコピーもお馴染み！

ヨーグルッペ

りんごやももなど複数のフレーバーを展開。

宮崎県

ヨーグルッペ
デーリィサワーメロン　デーリィサワーぶどう
スコール
南日本酪農協同

いずれも九州を中心に親しまれるロングセラー。最初に誕生したのはデーリィサワー。昭和44年、当時の健康志向から流行していたという乳酸菌飲料に果汁を合わせて開発。続いて昭和46年にスコールが日本初の乳性炭酸飲料として登場した。そのきっかけは余剰乳を無駄にしたくない、子ども達に牛乳をもっと飲んでもらいたいという思いだったという。さらに14年後の昭和60年に、ヨーグルッペが発売。甘い飲み物好きの九州人の味覚に合わせて酸味を抑えたマイルドな味わいに仕上げている。

㊟ 宮崎県都城市姫城町32-3
㊡ 0120-043-694
㊤ 可（自社サイト）

デーリィサワーメロン
デーリィサワーぶどう

らくのうマザーズ
カフェ・オ・レ

熊本県

らくのうマザーズ カフェ・オ・レ
熊本県酪農業協同組合連合会
（らくのうマザーズ）

昭和58年の誕生以来、九州全域で愛される熊本発のカフェ・オ・レ。らくのうマザーズ（昭和29年創業）が製造し、発売当初から変わらない貴婦人のパッケージが目印だ。阿蘇山麓の牛乳をたっぷり使用し、深煎りの厳選豆をブレンドしたコーヒーとの相性がばっちり。

㊟ 熊本県熊本市東区戸島5-10-15
㊡ 096-388-0101
㊤ 可（自社サイト）

沖縄県

ゲンキカフェ　ゲンキクール
八重山ゲンキ乳業

石垣島で最も古い乳業メーカーが製造するシリーズ。ゲンキ坊やが目印だ。クールは穀物倉庫を指す方言で、そこから黒砂糖を出して皆に振る舞い、元気を与えていた祖母の思い出から創業者が名付けたそう。昨年にはゲンキさんぴん茶ミルクティーという沖縄ならではの商品も仲間入り。

㊟ 沖縄県石垣市字登野城909
電 0980-82-3452
通 不可

ゲンキカフェ
ゲンキクール

コーヒーのコクが美味！

森永ヨーゴ

昭和52年発売。後味すっきりの甘さ。

沖縄県

森永ヨーゴ
沖縄森永乳業

昭和37年、沖縄県民の健康を願い瓶入りのゲンキヨーグルトとして発売開始。16年後、食品に関する法規改正により現在の名となった。パッケージに描かれるのは、ヨーグルト発祥の地であるヨーロッパの山々。さっぱりした味わいが世代を超えて人気。

住 沖縄県中頭郡西原町字東崎４番地15
電 098-871-9000
通 不可

ミキ

沖縄県

ミキ
マルマサファミリー商事

米や麦、砂糖を原料とするミキは神酒が由来とされ、栄養価も高く、奄美や沖縄で古くからつくられてきた。約40年前、初めて缶入りを発売したマルマサのミキは、「飲む極上ライス」のコピー通り米の優しい甘さが特徴。独特のとろみもクセになる。

住 沖縄県宮古島市平良字西里７-４
電 0980-72-2369
通 可（楽天市場、amazonなど各種ECサイト）

マリヤ＋ウェーブでマリーブ！

マリヤ　マリーブ

沖縄県

マリヤ マリーブ
マリヤ乳業

石垣島で山羊乳の扱いからスタートしたマリヤ乳業が、昭和50年代から発売する乳酸菌飲料。酸味を抑えたどこかフルーティな味わいが地元で親しまれている。ちなみに沖縄の紙パック飲料の容量が500mℓではなく473mℓなのは、かつてガロンを基準にしていた頃の名残り。

住 沖縄県石垣市石垣192
電 0980-82-3450
通 不可

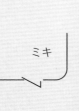

にっぽんのおやつ図鑑 PART 2〈中部その②・近畿・中国・四国・九州〉

※各メーカー・店の連絡先や主な販売場所等は巻末に収録しています。

協力／しずてつストア、ヤマナカ、ぎゅーとらハイジー店、フタバヤ、株式会社マツモト、株式会社マルアイ、株式会社松源、株式会社キヌヤ、両備ストア、株式会社キョーエイ、株式会社フジ、株式会社まいづる百貨店、エレナ、スーパーストアダイノブ、マルミヤストア、ナガノヤ・ウメコウジ、フレッシュアリーナしろやまアミュプラザ店

静岡県

花ぐるま さくら棒
大黒屋商事

40年以上前から屋台や駄菓子店で売られ、静岡県民なら誰もが知るという麩菓子・さくら棒。その元祖である麩店が廃業すると知り地元の菓子卸売会社が製造を継承。伝統をつないだ。ふわっとした食感に、手作業で塗られるという表面の砂糖の甘さが程よい。

PACKAGE

静岡県

トランプ
三立製菓

源氏パイやかにぱん、チョコバット…と誰もが知る人気おやつを多く製造する三立製菓が、昭和28年から販売。関西地区を中心に展開されている。洋風のパッケージに「ビスケット」の文字が躍るが口に入れると甘じょっぱく、海苔の風味が香ばしい。

静岡県

8の字
カクゼン桑名屋

明治初期創業のカクゼン桑名屋が「めがね」と呼ばれていたこの菓子をつくり始めたのは昭和24年のこと。当時は砂糖と小麦粉、重曹が原料で他社も製造していたそうだが、高価だった卵を使うことで差別化。昭和40年頃には「8の字」として静岡おやつの定番となった。

PACKAGE

静岡県

お茶羊羹
三浦製菓

島田市のお茶羊羹の歴史は明治からと古く、大正15年創業の三浦製菓でも戦後まもなく販売を開始。長年かけて容器に改良を加え、筒状のものに直接流し込み密閉することで衛生面や日持ちを改善した。程よい苦味と渋みが品良く、お茶本来の風味を味わえる。

愛知県

ミレーフライ
渡由製菓

昭和８年創業の渡由製菓。昭和27年頃からビスケットを揚げた菓子をつくりはじめ、昭和35年、明治（当時明治製菓）から発売されていたビスケット・ミレーを仕入れミレーフライとして販売開始した。少し固めの食感に、軽い塩味。噛むうちに甘さが広がる。

愛知県

ハイミックスゼリー
杉本屋製菓

明治後期、愛知・渥美郡で誕生したオブラート巻きの寒天ゼリー。その流れを汲む杉本屋製菓のゼリーは、昭和44年に発売。透き通ったカラフルな色合いと甘く柔らかい食感、果実の香りがノスタルジーを感じさせる、世代を超えたおやつ。

愛知県

岩月の玉子入落花
岩月製菓

昭和24年に創業した岩月製菓が60年以上前からつくるせんべい。生地に愛知県産の新鮮な卵を使用し、煎りたての落花生をソフトに焼き込んだ。優しく素朴な美味しさが支持されるロングセラー。

PACKAGE

愛知県

タマゴボーロ
竹田本社

明治から養鶏が盛んだった愛知では、卵を使った菓子が多くつくられる。昭和27年創業の竹田本社でも、創業前からタマゴボーロを家業としてつくっていたそう。ほろっと甘い口溶けで、子供のおやつとしても定番。

PACKAGE

三重県

みぞれ玉
松屋製菓

みかん飴の製造からはじまった、三重県唯一の飴メーカー。昭和58年に発売したこのみぞれ玉は、ザラメ砂糖がコーティングされた大玉キャンディ。イチゴ、レモン、グレープ、オレンジ、メロン、サイダーは誕生当時から変わらぬ味。

PACKAGE

三重県

ピケエイト
マスヤ

おにぎりせんべい（p.18）でも知られるマスヤが昭和47年から発売。ピケとは仏語で畝（うね）を意味し、焼き上がりのプクプクした表面が工場周辺の畑の畝に似ていると名付けられたそう。エイトは開発メンバーの人数から。サクッと噛めば想像を上回るバターのコクと風味が広がる。

PACKAGE

KINKI

三重県

田舎あられ
三国屋

伊勢地方では、小腹が空いたときにあられに砂糖や塩をまぶし、お茶をかけて食べる習慣があるという。こちらの昭和49年創業・三国屋のあられは、お茶漬けはもちろん、そのままでもパリッとした食感が美味しい。

PACKAGE

滋賀県

寿浜
近江の館

長浜で100年以上製造を続けてきた和菓子店が高齢化で廃業するにあたり、長浜の味を失くしてはいけないと地元の郷土食品を扱う店が継承。柔らかな食感と、滋賀県産の大豆の自然な甘さが自慢。

京都府

輪切奉天
伊藤軒

中国発祥のかりんとうと南蛮由来の有平糖を組み合わせた日本独自の菓子。天神様に奉納するものとして奉天と呼ばれる。京都の老舗・伊藤軒がつくる奉天は、見た目ほど固くないサクッとした飴と、かりんとうの香ばしさのバランスが絶妙な逸品。

PACKAGE

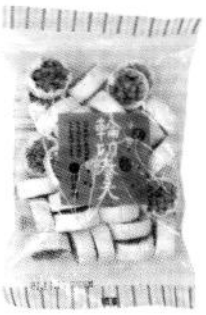

京都府

天狗の横綱あられ
天狗製菓

ねじれた形が力士のまわしを思わせる横綱あられ。四角い切れ込みの入った生地を高温で揚げると、この独特のねじれが生まれるそう。揚げ温度にこだわったカリッとした食感と少し濃いめの塩味が美味。先代が頭をひねり考案した。

PACKAGE

京都府

天狗のピリカレー
天狗製菓

昭和27年創業の天狗製菓。当初は小麦粉と水飴が原料のベビーラッカーという菓子を製造し、かりんとうなどもつくるうち看板商品の横綱あられ（左）が誕生した。同じく人気のこのピリカレーは、その名の通りピリッとした程よい刺激がクセになる。

PACKAGE

京都府

そばぼうろ
平和製菓

京都土産としても愛されるおやつ。こちらの平和製菓では、50年以上にわたり専業でつくり続けてきた。独特のサクサク感と口溶けの良さの秘密は、一週間以上寝かせて水分値を安定させた小麦粉と、水分は鶏卵のみを使用することだそう。

京都府

ピーナツバター
江口製菓

130年以上にわたり京おこしをつくる老舗の人気の菓子。昭和40年頃、先代が好き嫌いの多かった子どもたちが残した給食のピーナツバターを見て思いついたという。ひとくち頬張れば、口いっぱいにピーナツの香ばしい風味が広かる。

PACKAGE

和歌山県

味一番
旭堂製菓所

和歌山県民だけが知るという絶品あられ。昭和の中頃、先代がたまたまかき餅を油で揚げたところ美味しくできたため商品化したという。国産もち米を使い、さっくりソフトな食感。ほのかな甘さが特徴。

PACKAGE

和歌山県

おおだまミックス
川口製菓

その名の通りゴロッとボリューム感あるキャンディ。昭和57年、勉強や仕事の口寂しいとき長く舐められるようにと、大粒サイズで誕生した。製造は昭和３年創業の川口製菓。コーラ、みかん、パインなど季節にあわせて味が変わるそう。

兵庫県

ロミーナ
げんぶ堂

おかきメーカー・げんぶ堂が昭和40年の創業時からつくるロングセラー。山陰地方で多く販売され、「1・2・3ロミーナ」というCMもお馴染み。洋風のパッケージが印象的だがうるち米の薄焼きせんべいで、パリパリした食感も楽しい。

和歌山県

グリーンソフト
玉林園

江戸から続く緑茶の老舗がつくるソフトクリームは、昭和33年、お茶の販売が落ち込む夏の商品として誕生。当時、抹茶味の菓子はまだ珍しく、あっさりした甘さが幅広い層に受け人気商品に。自店舗で食べられる柔らかめと、市内スーパーや通販の販売用の固めタイプ（左）がある。

PACKAGE

兵庫県

鴬ボール
植垣米菓

兵庫県民のおやつとしてお馴染みの鴬ボールは昭和５年生まれ。かりんとう風味の米菓で、白い部分はもち米、外側の茶褐色は小麦。丸い愛らしい形は油揚げの際に自然とできるそうで、梅の蕾に似ていることから鴬の名が付けられた。味つけはシンプルに砂糖と塩のみ。絶妙な甘じょっぱさに手が止まらなくなる。

PACKAGE

KINKI

大阪府

前田のクラッカー
前田製菓

「あたり前田のクラッカー」のフレーズで知られ、昭和24年頃からつくられるロングセラー。大正時代に洋菓子メーカーとして創業した前田製菓が、戦中の乾パン製造の経験を生かし日常のおやつとして開発した。シンプルな材料にあっさりとした塩味でジャムやチーズともよく合う。

PACKAGE

兵庫県

キングドーナツ
丸中製菓

戦後、かりんとうのトップシェアを誇っていたメーカーが時代に合った洋菓子を求めて開発。原材料がかりんとうに近いことからドーナツが選ばれ、試作を繰り返し誕生した。表面はシャリっと中はしっとりした食感。家庭でつくるような安心の味がロングセラーに。

兵庫県

たんさんせんべい
岡友恵堂

兵庫をはじめ、全国の温泉地でつくられる炭酸せんべい。こちらの菓子店も地元旅館の依頼で昭和40年頃から土産物として発売。今では関西地区のスーパーで広く扱われる。赤穂の焼塩と北海道羅臼産の昆布出汁を使うことで生まれる独特な旨味とまろやかさが自慢。

島根県

蜂蜜ふらい
松崎製菓

大正７年創業の菓子店が「豆を食べるせんべい」として開発。2004年発売と新しいが、島根・鳥取を中心に瞬く間に人気商品となった。蜂蜜を隠し味に、天日塩で味付けした柔らかなそら豆をたっぷり入れて焼き上げている。

PACKAGE

鳥取県

生姜せんべい
いずみ屋製菓

鳥取で江戸時代から食べられる郷土菓子・生姜せんべい。砂丘に積もる雪をイメージした表面の生姜蜜と、波型に曲がった形が特徴だ。昭和23年の創業時からつくるいずみ屋製菓では、地元鳥取・気高町の日光生姜を使用。独特のさっぱりした甘さと香りが口に広がる。

PACKAGE

鳥取県

とっとり駄菓子おいり
深澤製菓

因幡地方で古くから桃の節句に食べられてきたおいり。昭和21年開業の深澤製菓は、当初大阪で菓子修業をした創業者が奉天をつくっていたが、昭和40年頃からポン菓子製造を開始。地元産の米と生姜を使ってつくるおいりは自然の甘さが人気。

PACKAGE

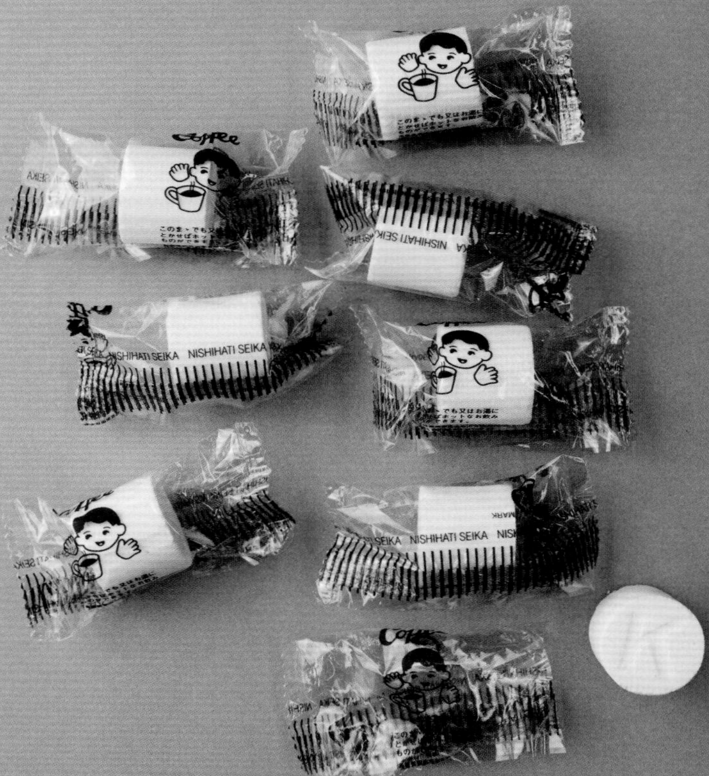

島根県

コーヒー糖
西八製菓

PACKAGE

戦後すぐ、当時貴重だったコーヒーを気軽に楽しむために生まれた菓子。固い砂糖の中にコーヒーの粉末が隠れている。大阪で多くつくられていたが、最後のメーカーが廃業することになり、山陰地方の伝統菓子をつくる西八製菓がその幻の味を受け継いだ。お湯に溶かして飲んでも美味。

岡山県

梶谷のシガーフライ
梶谷食品

岡山県民自慢のおやつ・シガーフライは昭和28年頃に誕生。つくるのは、パンの岡山木村屋が乾パン製造のために創業した梶谷食品。当時流行していたシガレットチョコレートにちなんで名付けられた。香ばしくサクッと軽い食感で、良質な小麦の風味が楽しめる。

PACKAGE

岡山県

バナナカステラ
福岡製菓所

特製バナナオイルを混ぜ込んだ白あんの入ったカステラ菓子。大正時代、当時高価だったバナナの代わりにと創業者が考案した。保存料など一切使わず、変わらぬ素朴な味に今も多くのファンを持つ。

PACKAGE

CHUGOKU

広島県

瀬戸内レモンケーキ
マルト製菓

全国でつくられるレモンケーキだが、こちらのマルト製菓のものは瀬戸内産のレモンを皮ごと生地に練り込み、その風味とふんわりした口当たりが人気。昭和21年創業の菓子メーカーで、甘い物が貴重だった当時、創業者の母親が近所の子どもたちのためにつくった芋飴が評判となり商いに発展したという。

PACKAGE

広島県

フライケーキ
矢野食品（玉屋餅）

戦前、呉市の菓子店がつくり始め広島名物となったあんドーナツ。この玉屋餅のものは、先代が子どもの頃に食べた味が忘れられず再現したのが製造のきっかけ。新鮮な油で時間をかけて揚げるため、つくり立てはサクッと、時間が経つとしっとりした食感を楽しめる。

CHUGOKU

広島県

Fいか姿フライ
スグル食品

呉市でイカフライと言えばおかずの揚げ物ではなくこのイカの形のスナック菓子のこと。昭和32年創業のスグル食品では、あられの生地を配合することでサクサクの口当たりに仕上げている。少し濃いめの味付けがおつまみにもぴったり。

PACKAGE

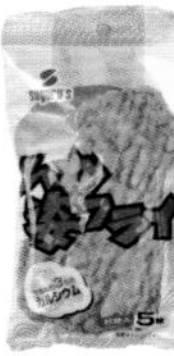

山口県

山口乃外郎（小豆、抹茶）
数井製菓

もちもちでしっとり、上品な食感が評判の数井製菓（昭和７年創業）のういろう。ういろうといえば名古屋や小田原が思い起こされるが、実はここ山口でも室町時代からつくられる伝統菓子。わらびの粉を使うのが特徴で、砂糖を加え蒸し上げている。

香川県

おいり
細川安心堂

ピンク、黄、緑など見た目にも愛らしいあられ。400年以上前、讃岐国の姫君の輿入れの際に贈られて以来、嫁入り道具の一つとして香川に根付いてきた。小判型のものは「はけびき」と呼ばれるふやきせんべい。こちらもほんのり甘く、優しい味。

高知県

塩けんぴ
澁谷食品

高知県民が愛するおやつ、芋けんぴ。地元スーパーにも多くの種類が並ぶ。芋けんぴのシェア50%を誇る澁谷食品は昭和34年創業で、原料のさつま芋の生産から手がける。なかでもこの塩けんぴは、絶妙な塩味が芋けんぴの甘さを引き立てると評判。

PACKAGE

SHIKOKU

愛媛県

巾着パールあられ
東陽製菓

素材の旨味が評判の素焼きあられ。愛媛名産の真珠のように光り輝く菓子をと、東陽製菓が昭和28年の創業時からつくる。油分や化学調味料は不使用。サクサクした食感で、お茶漬けやコーヒーに浮かべて楽しむ人もいるという。

PACKAGE

徳島県

池の月、ふやき
浅井製菓所

徳島でお盆や彼岸のお供え菓子として馴染み深い池の月（上写真）と、花嫁菓子にも使われるふやき。浅井製菓所ではこの二つを昭和26年の創業から専業でつくる。いずれも生地の材料はもち米と砂糖のみ。焼き方が異なるため味と食感が少しずつ変化するが、どちらもふわっと優しく懐かしい味。

PACKAGE

高知県

まじめミレービスケット
野村煎豆加工店

大正12年、豆類の加工販売店として創業した野村煎豆加工店が、昭和30年頃から明治（当時明治製菓）のミレー生地を仕入れ製造を始めた。その頃から変わらぬ製法で、いまや高知の名物として全国区の人気者。

愛媛県

別子飴
別子飴本舗

昭和12年、工業都市・新居浜の礎となった別子銅山を讃え広めるためその名を冠し誕生。銅釜で炊き上げる昔ながらの製法で、抹茶、みかん、ピーナッツ、ココア、いちごの5種も誕生当時から。優しい口当たりが変わらぬロングセラー。

高知県

マックのシュガーコーン
あぜち食品

昭和37年頃、甘党の多い高知県民の声に応え、ポン菓子をヒントに甘いポップコーンが誕生。以来、県民のおやつとして親しまれていたが、20年ほど前に製造者の高齢化により消滅の危機に。地元の食品会社が無事引き継ぎ、その味が守られた。添加物を使わずシンプルな材料、製法も当時のまま。

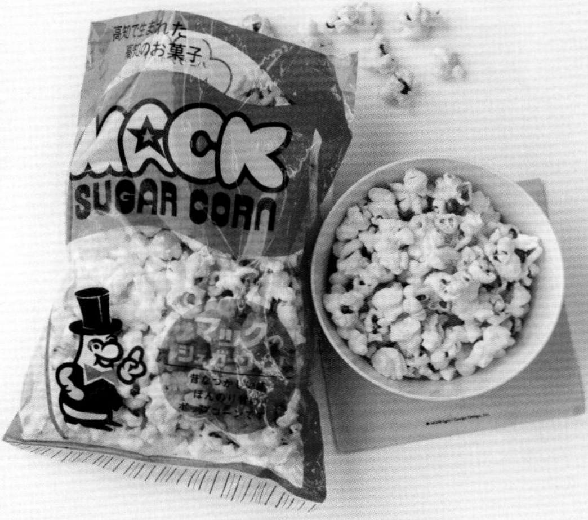

福岡県

くろがね堅パン
スピナ

北九州でお馴染みのくろがね堅パン。八幡製鐵所で働く従業員のカロリー補給を目的に大正時代に開発された。長期保存のため極力水分を減らし、鉄のように固い仕上がりに。それが顎に良いと子どものおやつとしても人気となった。

PACKAGE

福岡県

フレンチパピロ
七尾製菓

せんべいの製造販売からスタートした七尾製菓の60年に及ぶロングセラー。くるっと巻いた薄焼きせんべいに甘くふわふわのクリームがたっぷり。パリをイメージしたネーミングがぴったりの愛らしいおやつ。

PACKAGE

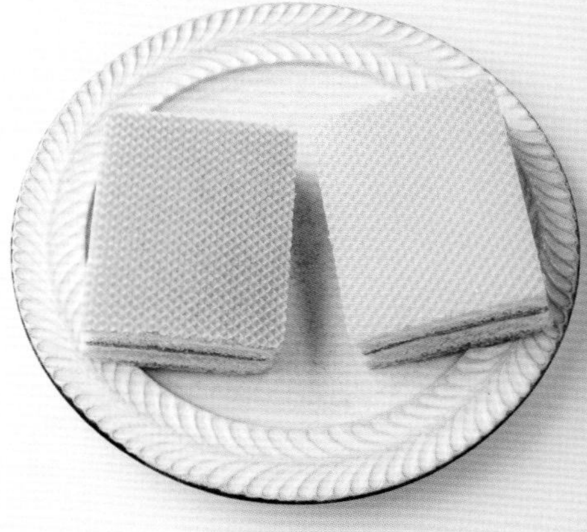

福岡県

カステラサンド
リョーユーパン

不動の人気を誇るローカルパン・マンハッタンで知られるリョーユーパンが昭和62年に発売。サクッと軽いウエハースに、カステラ生地とバタークリームをサンド。子どもの頃に食べていたような懐かしい味が評判。

PACKAGE

KYUSHU

佐賀県

丸ぼうろ葉隠
大坪製菓

およそ450年前に南蛮菓子として長崎に伝わり、シュガーロードを経て佐賀の地で育まれた菓子。土産物としても定番のおやつだ。明治37年創業の大坪製菓の丸ぼうろは、専業メーカーならではの昔ながらの素朴な味わいが人気。水飴と蜂蜜のほのかな甘みが牛乳にもよく合う。

PACKAGE

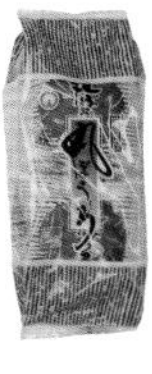

佐賀県

逸口香
源八屋

中国の唐菓子がルーツとされ、長崎では一口香と呼ばれる菓子。シュガーロード（長崎街道）を通り佐賀に伝わった。90年前から逸口香一筋の源八屋では今も一枚一枚手焼きにこだわる。黒糖と生姜を練り合わせた餡を小麦生地で包んで焼き上げ、膨張によって中が空洞になるのが特徴。

PACKAGE

佐賀県

ブラックモンブラン
竹下製菓

佐賀のアイスといえばこのブラックモンブラン。120年余の歴史を持つ竹下製菓の３代目が、仏アルプスのモンブランを見て「あの雪山にチョコをかけたら…」と考案し、昭和44年から発売。あえて粒を不揃いにしたクランチのザクザク感がたまらない。

PACKAGE

長崎県

ラッキーチェリー豆
藤田チェリー豆総本店

カリッと揚げたそら豆に、島原産生姜をすりおろした飴を一粒一粒丁寧にコーティング。あっさりした甘さが後を引く。大正３年の誕生当時はサンライズ豆と呼ばれていたが、創業地が桜の名所であったことにちなみ今の名となったそう。

長崎県

麻花巻
福建

そのユニークな姿から地元で「よりより」の愛称で親しまれる菓子。中国の家庭のおやつが伝来したもので、現地では「麻花（マファー）」などと呼ばれる。カリッと固い歯ごたえに、甘さを控えた香ばしい味わい。

PACKAGE

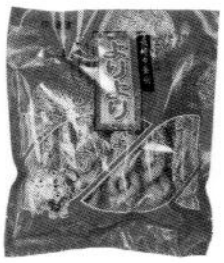

長崎県

やまとの味カレー
大和製菓

佐世保発の駄菓子として全国で愛される味カレーは、大和製菓が昭和35年の創業時から製造。初代社長が、みんなが好きなカレーをもっと気軽に楽しめるようにと考案した。社内でも調合できる職人は一人だけというスパイスが美味しさの秘訣。

熊本県

切黒棒
橋本製菓

福岡・筑後地方や熊本を中心とした九州の郷土菓子。橋本製菓では九州産の小麦粉を使用し、丁寧に焼き上げたあと創業者考案の蜜付け機で黒蜜をたっぷりコーティング。コクのある甘さが美味しい。

PACKAGE

熊本県

亀せん
味屋製菓

熊本では知らぬ人がいない、味屋製菓のあられ（p.100）と亀せん。亀せんは創業からまもない昭和43年からつくり続け、特製の甘辛醤油タレの甘さと香りがポイント。サクッと口溶けの良さがクセになる。

PACKAGE

熊本県

あられ
味屋製菓

味屋製菓の看板、あられ。昭和38年の創業と同時に誕生し、以来変わらぬ味で熊本県民に愛される。乾燥温度も揚げ温度も、その日の気温や湿度によって細かく調整するそう。塩味の軽い食感に次々手が伸びる。

宮崎県

ジャリパン
ミカエル堂

昭和元年創業の老舗パン店が戦後まもなく発売。砂糖入りのバタークリームのジャリッという食感から、子ども達が親しみを込めてその名で呼び始めたという。宮崎市内では学校の売店でも売られ、地元民からソウルフードとして熱烈に支持される。

大分県

牛乳パン
岸田パン

地元スーパーで入荷と同時に飛ぶように売れるという、幻のおやつパン。牛乳パンといえば長野も有名だが、こちらはコッペパン。昭和33年創業の岸田パンが先代から受け継ぐ製法でつくり続け、ふっくらふわふわの生地に甘いクリームがよく合う。

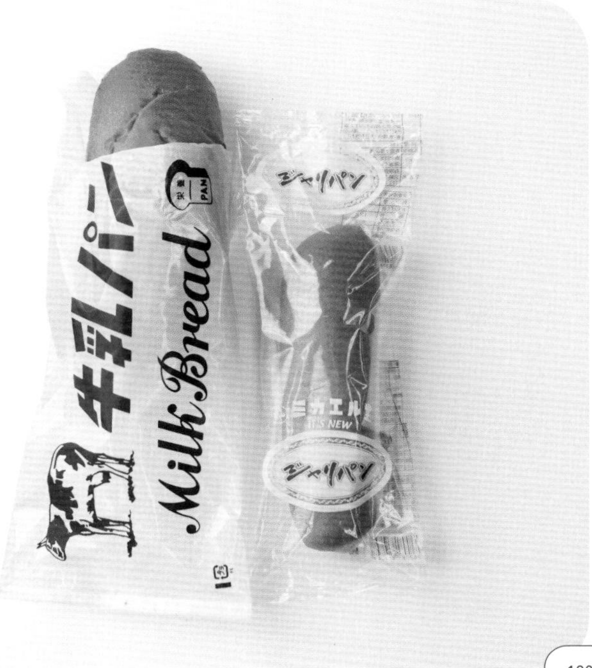

鹿児島県

元祖鹿児島　南国白くま
セイカ食品

戦前から鹿児島の夏の風物詩（おやつ）として親しまれる氷白熊（練乳かき氷＋フルーツ・小豆）。創業明治36年のセイカ食品では、昭和44年頃にカップタイプの氷白熊を商品化。その「南国白くま」は安定剤などを使わず柔らかい食感が自慢。仕上げの追い練乳で更に練乳感をアップしている。

KYUSHU

鹿児島県

ひとくちげたんは
原製菓舗

鹿児島で古くからつくられてきた郷土菓子。「げたんは」とは下駄の歯を意味する。大正15年創業・原製菓舗のものは食べやすい一口サイズが特徴で、黒糖のシャリシャリしっとりの食感と、蜜のコクのある甘さがお茶請けにぴったり。

PACKAGE

鹿児島県

雀の学校・雀の卵
大阪屋製菓

明治期の大阪発祥と言われる豆菓子。落花生に寒梅粉をかけ丸く成形し、焙煎したあと醤油タレで仕上げる。大阪屋製菓は、戦後その製法を学んだ初代が商売敵の少ない鹿児島で創業。保存料など一切使わない特製タレの味付けとサクサクした食感が受け、鹿児島でも馴染みのおやつに。

鹿児島県

からいも飴
冨士屋製菓

唐芋（サツマイモ）が鹿児島に伝来した300年以上前から庶民のおやつとして食べられる。創業以来135年間変わらぬ製法でつくり続けている冨士屋製菓では、添加物を加えず、鹿児島産サツマイモの本来の旨味を凝縮。地元ではCMもお馴染みだ。

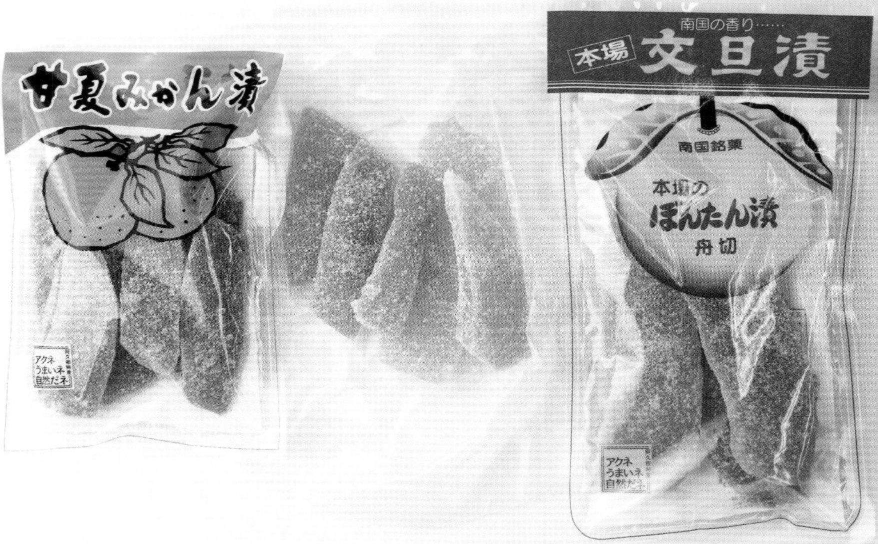

鹿児島県

ぼんたん漬舟切 / 右
甘夏みかん漬 / 左
泰平食品

鹿児島で文旦の砂糖漬けがつくられるようになったのは150年以上前のことだそう。昭和40年から製造する泰平食品では文旦の栽培から取り組み、皮むきもひとつひとつ手作業でおこなう。その皮を糖蜜で煮込み乾燥させるというシンプルな製法で、甘さの中に柑橘の爽やかな酸味を感じさせる、素朴な果物のおやつ。

○沖縄県のおやつを巡る旅

沖縄の郷土菓子は〝チャンプルー〟――ほかませいか（沖縄県那覇市）

自然界の形を表したムイグヮーシ（盛菓子）

那覇の台所といわれてきた第一牧志公設市場（現在建て替え中）がある市場本通りに、ほかませいか（外間製菓所）は佇む。

創業は昭和28年。現在の代表・外間有里さんの祖父・清功さん、20歳のときだ。戦争中、サイパンで農家経営をしていた家に生まれ育ち、終戦後、沖縄に帰って、八重山で琉球菓子の職人に師事した後、店を開いた。地上戦があった沖縄本島では、このあたりから復興が始まり、闇市が立った。外間製菓所の通りはお菓子通りといわれるくらい、お菓子屋さんが点在していたという。

「戦後の何もないところから始めているので、おじいちゃんは最初は飴細工。お砂糖といっても上白糖ではなく、黒糖だったり。今のような硬い飴玉でもなく、むちゃむちゃしたグミみたいなものでした。甘い物は限られていたから、重宝されたと思います。うちは製造も販売もしていて、他のお店に卸しもしていました。市場の良さは相対売りといってコミュニケーションをとって販売をするんですが、同じお菓子でもこっちのお店の方が親しみやすいからとか、こっちの方がしーぶん（おまけ）してくれるからとお客さんがつきます」。

話上手な有里さんの言葉から、当時の闇市のにぎわいが浮かびあがってくる。89歳にして今も現役という清功さんがつくったお菓子を食べたくなってくる。

2代目の父は娘に大変な思いをさせてまで…という考えだったのに、有里さんが27歳のとき、店を継ごうと思ったわけを聞いてほろりとした。

「大学院でいったん沖縄県外に出たことで、自然崇拝の文化がしっかりと根づいていたり、家族のつながりを大事にしている地域は少ないことに気づきました。沖縄にそれが残っているきっかけになっているのがお菓子であれば、残していきたいと思ったんですね」。

年間行事に加え、人生の節目に催される行事で、沖縄ではムイグヮーシ（盛菓子）を供える。

「人が亡くなった後に自然に還っていくという意味がお菓子に込められているので、人間の身体と自然の恵みをイメージしたものになっています。諸説ありますが、桃菓子は人間の乳房をイメージしながら大地の恵みを表し、巻きがんは脳と風の恵み、おまんじゅうは胴体とたちがん（この世

ほかませいか
住 沖縄県那覇市牧志3-1-1　市場本通り
電 098-863-0252

p.104〜109：取材・執筆／黒川祐子（アイデアにんべん）　撮影／田村ハーコ

ばんじゅうの左側に入っているのが、文中で登場する桃菓子と巻きがん。

とあの世の区別）を表しています。そういうときに使われるお菓子として今でも親しまれています」。

琉球から沖縄へ 周辺の国々の影響を受けて

もうひとつの沖縄の郷土菓子の特徴として、かつて450年もの間、琉球というひとつの国であり、また戦後はアメリカの統治下におかれるという辛酸をなめた「チャンプルー（混在）の歴史があります」。

例えば、こんぺん（光餅）は、琉球王朝で冊封使（中国皇帝が周辺国の有力者を国王と承認するために派遣した使者）を歓待するのによくつくられたお菓子。卵黄・小麦粉・米粉の皮で、ゴマと砂糖の餡を包み、平らにして焼いたものだ。

「中国のお菓子って月餅のようにゴマを使ったものも多いと思うんですね。実り多いという縁起ものです。こんぺんはもともとゴマのお菓子だったんですけど、戦後、アメリカからピーナッツバターが入ってくると、その方が大量につくりやすいと主流になりました。うちの場合はゴマとピーナッツの2種類があり、ピーナッツこんぺんには隠し味としてかぼちゃ餡を入れています」。

中国、南蛮、欧州、薩摩、日本、米国…。琉球が影響を受けた国や地域を想像すると…沖縄は郷土菓子が多様なわけだ。

ほぼ小麦粉と砂糖でお菓子がつくられていた琉球王朝時代から時は流れ、アメリカナイズされたケーキが売れたり、日本から来たレモンケーキや和菓子の方がお洒落と捉えられた時代を経て、今は沖縄独自の材料を使ったお菓子が人気に。

「昔は甘い物はごちそうでしたが、これから若い人たちはそんなに甘い物を食べないと思うので、時代にあったお菓子のあり方を提案していくのも自分たちの仕事です。私が60歳になるまで店を100年続けたいです」。

3代目が新しくつくったロゴマークはお祝いの席で使われる縁結びのお菓子「松風」をモチーフとしながら、結びきりではなく、1周させて、歴史を次の世代につないでいきたい、いろんな縁をつないでいけるお菓子屋でありたいという思いが込められている。

また違う時代になっているだろう30年後の「ほかませいか」を味わってみたいと思った。

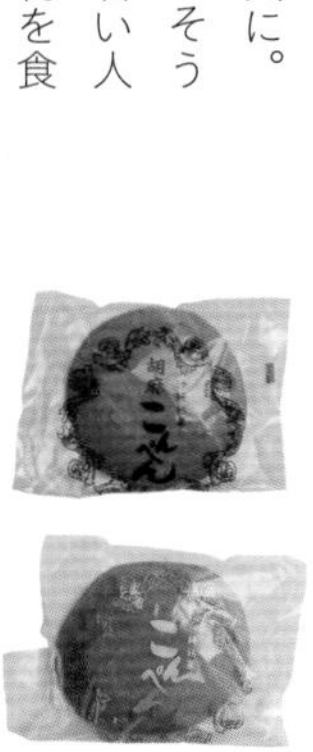

上 / ゴマこんぺん・黒糖ゴマ、コクのある餡の、昔ながらの味わい。下 / ピーナッツこんぺん・ピーナッツバター、炒りゴマ、隠し味にかぼちゃ餡を織り交ぜた、しっとりした餡。

THANK YOU!

3代目代表の外間有里さん。事業構想大学院大学で経営学を学び、新しい事業継承を試みている。

上 / 現在の製造責任者は2代目・外間清主さん。中央 / 創業者の外間清功さん。右下 / 昔の写真などが飾られている店奥はお菓子やほかませいか製造の食パンの日替わりサンドイッチをイートインできたり、ちんすこうづくり体験ができるスペースになっている。

工場写真提供：ほかませいか

琉球王朝時代のお菓子から現代のソウルスイーツまで

現在、ほかませいかでつくられるお菓子は20種余り。店頭では一つひとつに丁寧な解説が付けられている。

つゆ草

上品な甘さの粒あんをふくさ包みで包んでいる。鉄板で一枚一枚焼き上げるなど手間がかかるため、現在沖縄でつくっている製菓所はわずか。

田芋チョコバーガー

チョコスポンジに田芋のペースト餡を挟んだオリジナル商品。ほかませいかで一番新しいお菓子で、初代が命名した。

ミーガーハーガー

沖縄で親しまれるビスケットのような供え菓子。穴が開いている方が太陽神、まんまるの方が月を表しているという。

レモンケーキ

スポンジケーキにレモンチョコレートをコーティング。沖縄ソウルスイーツの定番で、食べ比べをする人も多い。製菓材料の卸し会社がレモンケーキの型を大量に仕入れたことが沖縄のレモンケーキの始まりと言われる。

松風（まちかじ）

せんべい生地に炒りゴマがまぶされた沖縄の縁結び菓子。外見からの甘そうなイメージと異なり、ゴマの風味が香ばしい。松風は全国でつくられているが、沖縄のような色や形ではなく、縁起菓子として使われることもない。

花ボール

ボールは南蛮菓子のボーロのこと。江戸時代、江戸でよく食べられたといわれるが、現在、花ボールが残るのは沖縄だけ。ほかませいかの花ボールは藤の花を模している。

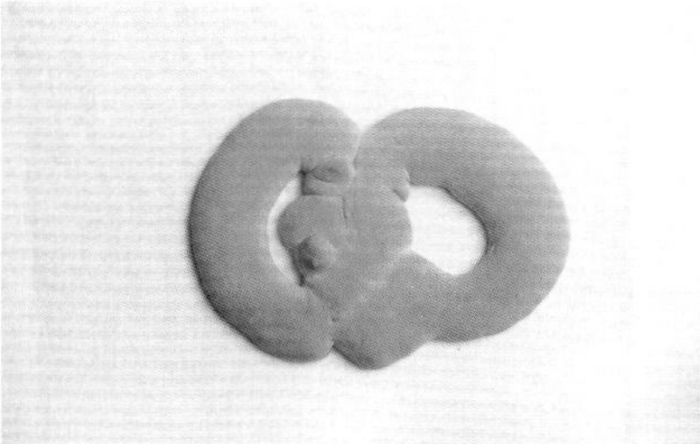

コーグヮーシ

落雁の一種で、もち米を蒸して乾燥させた寒梅粉や落雁粉に砂糖や水飴を混ぜてつくる。落雁よりもかなり甘さ控え目。写真のような赤いものは主にお祝いに、白いものは法事に。

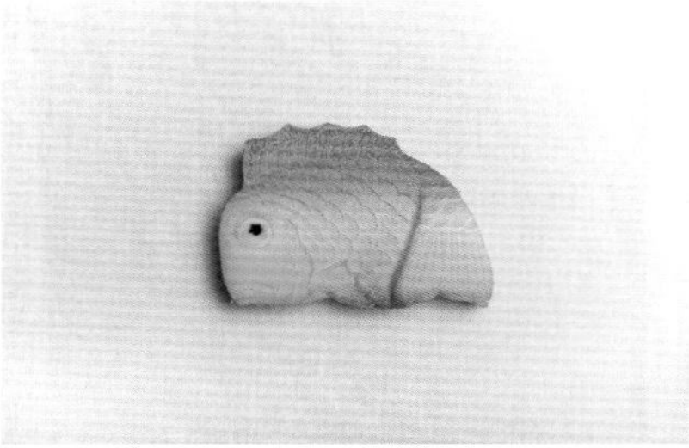

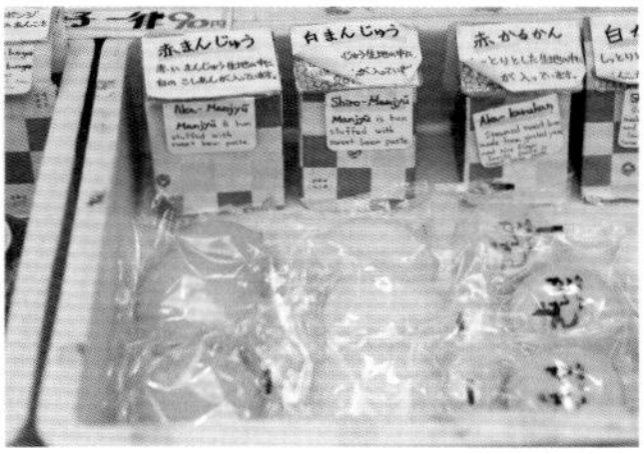

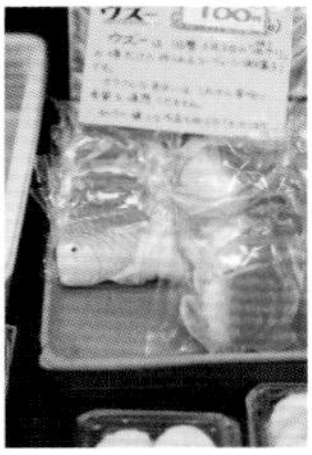

右端のウズーはコーグヮーシの１種。旧暦３月３日の浜下り（はまうり）の頃だけにつくられる。女の子の健やかな成長を祈る日でもある。

沖縄県の おやついろいろ

琉球王朝時代の流れを汲む菓子から、庶民の味として近年人気のおやつまで。多様な文化を持つ沖縄ならではの個性豊かな味の数々。

うるま市

亀の甲せんべい ①
しょうがせんべい ②
カレースナック ③
玉木製菓

昔ながらの沖縄のおやつをつくる玉木製菓（昭和53年創業）の人気の3品。小麦粉の生地をじっくり乾燥させ高温で揚げた亀の甲せんべいは、固めの歯応えと素朴な風味が美味しい。カレースナック、しょうがせんべいとともに40年以上前から地元スーパーに並ぶ。

㊟ 沖縄県うるま市州崎８-13
㊫ 098-938-1367
㊂ 可（電話）

①

②

③

PACKAGE ①

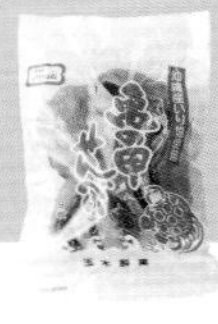

PACKAGE ②

PACKAGE ③

那覇市

タンナファクルー
丸玉

明治20年、丸玉の創業者が庶民のためにコンペン（下）の代用品として考案。黒糖と小麦粉、卵というシンプルな材料でつくられる。黒糖は、ミネラル豊富な沖縄・伊平屋産のものを使用。生地の生成から型抜きまで、今も全て手作業でおこなっている。牛乳などにも合う素朴な味。

(住) 沖縄県那覇市牧志1-3-35
(電) 098-867-2567
(通) 可（電話、メール）

浦添市

コンペン
マルキヨ製菓

かつての宮廷菓子で、法事や祭礼の節供として用いられる。小麦粉と砂糖、卵でつくる皮の中に餡が入り、コンペン（光餅）あるいはクンペン（薫餅）とも。昭和39年創業のマルキヨ製菓では、白餡に混ぜるピーナツバターの配合にこだわり、コクのある独特の風味に仕上げている。

(住) 沖縄県浦添市牧港5-11-3
(電) 098-878-8583
(通) 可（自社サイト）

那覇市

塩せんべい
丸吉塩せんべい

沖縄のスーパーで必ず見かける塩せんべい。小麦粉の生地を金型に入れ、圧力をかけて加熱してつくられる。様々なメーカーが製造しているが、こちらの丸吉塩せんべい（昭和51年創業）のものは塩加減が絶妙。ジャムやチョコレートソースをかけて食べるのもおすすめだそう。

(住) 沖縄県那覇市繁多川4-11-9
(電) 098-854-9017
(通) 可（自社サイト、Yahoo!ショッピングほか）

PACKAGE

那覇市

天使のはね 塩味
丸吉塩せんべい

塩せんべいの製造時、金型からはみ出した部分を切り落とすのを忘れたまま味付けし、食べてみたら美味しかった…という偶然から生まれたおやつ。塩と油がほどよく混ざるよう、手作業で味を整えているそう。口に含むとふわっと溶け、まさに天使の羽のような食感。

(住) 沖縄県那覇市繁多川4-11-9
(電) 098-854-9017
(通) 可（自社サイト、Yahoo!ショッピングほか）

PACKAGE

浦添市

いちゃがりがり
新里食品

「カタイ！」のコピー通り、固さが自慢の沖縄駄菓子。小麦粉の衣にスルメを混ぜて揚げたもので、噛めば噛むほど口の中に塩気とスルメの旨味が広がる。ちなみに固さの理由は日持ちを良くするためだとか。

住 沖縄県浦添市屋富祖３-24-10
電 098-873-0787
通 不可

沖縄市

沖縄名産シークヮーサー飴
竹製菓

半世紀以上にわたり飴をつくる竹製菓が昭和60年に発売。当時、沖縄の特産であるシークヮーサーを使った菓子はほぼなく、知名度がなかなか上がらなかったが、のちに健康効果が注目され看板商品に。ほのかな苦味が爽やか。

住 沖縄県沖縄市宮里３-21-35
電 098-989-1937
通 可（取引先各種ECサイト）

豊見城市

スッパイマン 甘梅一番
上間菓子店

昭和41年に菓子問屋として創業し、15年後に国内初の乾燥梅の製造販売業に転身。それまで多く食べられていた輸入品とは異なり、安全な天然の甘味料を使ったスッパイマンを開発した。絶妙な甘酸っぱさがクセになる。

住 沖縄県豊見城市豊崎３-64
電 098-840-6000
通 可（自社サイト）

伊江村

手づくりピーナッツ糖
伊江食品

伊江島で大正時代からつくられる家庭のおやつ。創業40年を迎える伊江食品では、ピーナッツを独自の技術で１釜１釜丁寧に焙煎し、香ばしく仕上げる。カリカリっとした噛み応えと、甘すぎない黒糖の風味に手が止まらない。

住 沖縄県伊江村字西江上22
電 0980-49-2673
通 可（電話、FAX 0980-49-5829）

○ ふるさとの味 パック系おやつ

「にっぽんのおやつ図鑑」では紹介しきれなかった県民のおやつを、郷土菓子を中心にピックアップ。地元スーパーで見かけたらぜひ買って味わいたい。

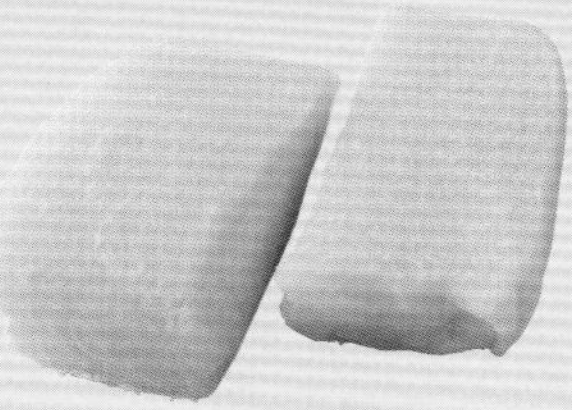

マタギの里の
バター餅

秋田県

マタギの里のバター餅
精まい家

北秋田市で40年以上前からつくられ、今では地元の名物。この精まい家のバター餅は冷蔵庫に入れても固くならず、赤ん坊の頬のようなふわふわで優しい口当たり。マタギだった店主の父が山に持ち歩いたという思い出の味でもある。

㊟ 秋田県北秋田市阿仁戸鳥内家ノ前18-5
㊫ 0186-84-2832
㊌ 可（ECサイト「北秋田秋林商店」）

豆富かすてら

秋田県

豆富かすてら
藤倉食品

横手市など秋田県南部でつくられる郷土菓子。水気を切った豆腐に砂糖、卵、塩などを加え滑らかに練り、型に入れて焼き上げる。甘い豆腐という不思議な味わいで、わさび醤油をつけても美味。80年近く豆腐をつくる藤倉食品では、かぼちゃやチーズ味などの変わりダネも揃える。

㊟ 秋田県横手市横手町字大関越88
㊫ 0182-32-0792
㊌ 可（自社サイト）

豆すっとぎ

岩手県

豆すっとぎ
道の駅やまだ

豆しとぎとも言われる岩手北部・青森県の郷土菓子。しとぎとは米をつぶしてつくるお供え物で、この地方ではそこに茹でた青大豆を加えるという。荒川農産物加工組合のつくるこちらの豆すっとぎは、岩手県産のうるち米と大豆を使用。そのままでも、蒸しても焼いても美味しい。

㊟ 岩手県下閉伊郡山田町船越6-141
㊫ 0193-89-7025
㊌ 可（自社サイト）

杵つきずんだ餅

宮城県

杵つきずんだ餅
大沼製菓

宮城名物・ずんだ餅。かつては盆や彼岸の時期に農家でつくられていた。スーパーでも気軽に買えるこちらの大沼製菓のものは、地元産のもち米を使ったコシの強い杵つき餅。自家炊きのずんだ餡の程よい甘さと粒感も美味しい。

(住) 宮城県石巻市桃生町給人町字東町119
(電) 0120-76-3213
(通) 在庫のある場合、可（電話）

信州おやき

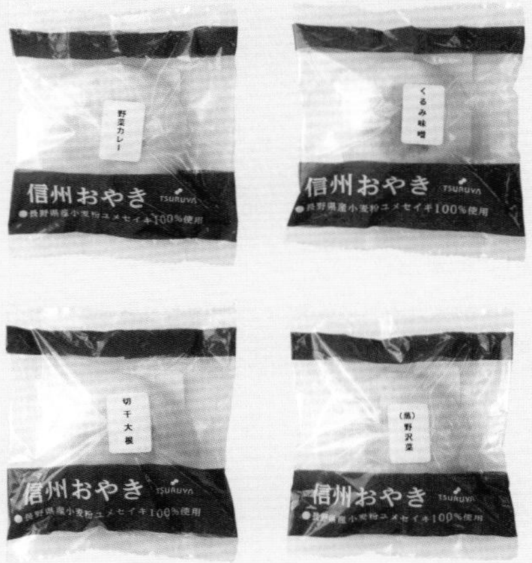

長野県

ツルヤオリジナル 信州おやき
ツルヤ

長野でお茶請けとして愛されてきたおやつ。明治25年創業、地元の人気スーパー・ツルヤでも定番の野沢菜をはじめ、くるみ味噌、野菜カレーなど多様な味をラインナップ。信州産の地粉を使用した皮はモチっとした食感で、温めても美味しい。

(住) 長野県小諸市御幸町2-1-20（営業本部）
(電) 0267-22-3311
(通) 可（自社サイト ※冷凍おやき詰め合わせ）

岐阜県

五平餅
古屋産業

木曽や東濃・飛騨地方のおやつ・五平餅は、潰したご飯を串に刺し、クルミなどの甘辛いタレを塗ったもの。昭和45年に初めてその真空パックを開発した古屋産業は大粒で甘みのある地元産の米を使用し、焼いたときの香ばしい匂いが食欲をそそる。

㊟ 岐阜県恵那市大井町2531-3
㊢ 0573-26-3291
㊤ 可（各種ECサイト）

五平餅

生せんべい

愛知県

生せんべい
総本家田中屋

「せんべい」と名が付くが、蒸した米粉に砂糖などを加え乾燥させた半生菓子。焼かずにそのまま食べる。農家の保存食で、徳川家康が好んだという逸話も。創業92年、総本家田中屋の生せんべいは半田銘菓としてお馴染み。黒砂糖と蜂蜜の自然な甘さにもちっとした歯ざわりがやみつきに。

㊟ 愛知県半田市清水北町1
㊢ 0569-21-1594
㊤ 可（自社サイト）

鬼まんじゅう

愛知県

鬼まんじゅう
餅屋 青木商店

名古屋を中心とした東海地方でメジャーなおやつ。戦後の食糧難の時代、手に入りやすい小麦粉や芋を使ってつくられたという。昭和30年から餅や和菓子を製造する青木商店の鬼まんじゅうは、添加物や保存料不使用。さつまいものゴロゴロ感とむっちりした生地が食べ応え十分。

㊟ 愛知県名古屋市北区西味鋺2-244
㊢ 052-902-8866
㊤ 不可

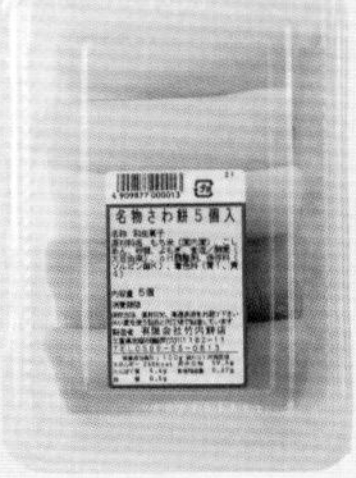

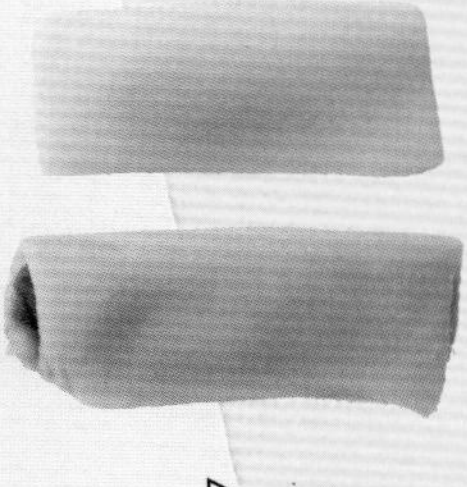

三重県

名物さわ餅
竹内餅店

伊勢志摩に古くから伝わる銘菓。昭和30年創業の竹内餅店は、岡山から移り住んだ先々代がその味に惚れ込み製造を開始。ほんのり塩味の効いた生地で、しっかりした甘さの餡を包んでいる。杵つきの餅は伸びがよく風味も良い。

㊟ 三重県志摩市磯部町穴川1182-11
㊢ 0599-55-0613
㊤ 可（電話）

名物さわ餅

ニッケの味
水ようかん

広島県

ニッケの味 水ようかん
宝屋製菓

ニッキ独特の甘い香りの水ようかん。「ようかん」とあるが餡は入らない。岐阜でもニッキ寒天なる似たものが見られるが、広島では一部の地域で花見弁当の甘味としてお馴染みだったという。宝屋製菓では、先代が饅頭の売り上げの落ちる夏に製造を始め、すっかり地元で知られる味に。

住 広島県広島市西区中広町２-21-９
電 082-294-1212
通 可（電話 ※20個～）

あく巻

鹿児島県

あく巻
ふくれ菓子
津曲食品

木灰（アク）汁に浸したもち米を竹皮に包み煮た、ちまきの一種。節句の時期に鹿児島の家庭でつくられていた。地元の郷土菓子を製造する津曲食品では昭和56年の創業時から販売。ぷるぷるとした食感で、きな粉や砂糖をかけていただく。ふくれ菓子も同じくこの地方の昔ながらのおやつ。ふっくら蒸しあげた昔懐かしい味。

住 鹿児島県曽於市大隅町月野3928
電 099-482-5551
通 可（ECサイト「ふるさとランド」）

黒糖ポーポー

ふくれ菓子

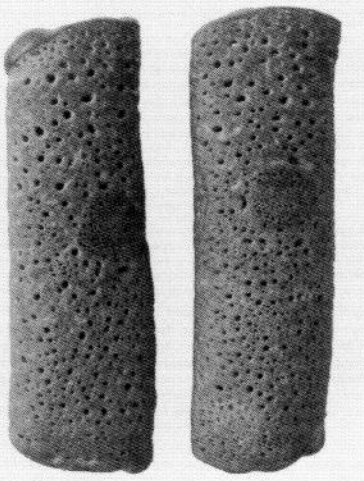

沖縄県

黒糖ポーポー
オキコ

小麦粉の薄い生地を焼き、くるくると巻いたおやつ。沖縄の行事菓子として知られ、かつては祝いごとなど食べられる機会が限られていたが、今では日常のおやつとして県民から親しまれる。沖縄で製パン事業を営むオキコがつくるポーポーは黒糖の甘さとふんわりもちもちの生地が自慢。

住 沖縄県中頭郡西原町字幸地371
電 098-945-5021
通 不可

注目！おやつのパッケージ

ローカルおやつは、中身もさることながら、パッケージも味わい深いものばかり。隅々まで見逃せない。

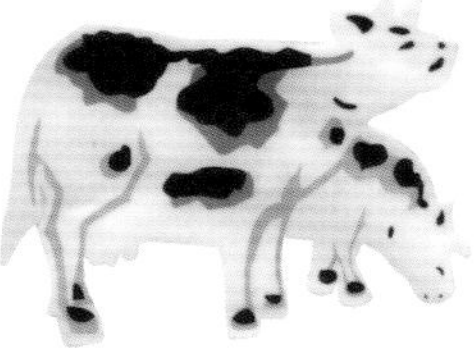

↑北越（p.58）

↑三矢製菓（p.49）

↑ボンとらや（p.13）

↑梶谷食品（p.88）

↑マコロン製菓（p.10）

↑坂栄養食品（p.26）

↑浪速製菓（p.58）

↑マスヤ（p.78）

↑田村食品（p.29）

↑あぜち食品（p.94）

↑宝屋製菓（p.117）

↑若山製菓（p.10）

↑玉木製菓（p.110）

↑ロマンス製菓（p.31）

↑マコロン製菓（p.10）

↑北陸製菓（p.57）

↑松岡製菓（p.19）

↑タケダ製菓（p.15）

↑浜塚製菓（p.34）

↑八雲製菓（p.55）

↑玉林園（p.83）

ビスくん

↑三ツ矢製菓（p. 4 ）

SHIAWASEDO
パピロン
サンド
チョコレートクリーム

↑お菓子のシアワセドー（p.55）

AJIYA
味
あられ

↑味屋製菓（p.100）

ロミーナ

↑げんぶ堂（p.83）

横浜
ロマンスケッチ

↑宝製菓（p.47）

寿浜

↑近江の館（p.79）

↑茶木（p.23）

江口の
ピーナッツバター

↑江口製菓（p.81）

サクサク
アーモンド

↑丸昭高田製菓（p.49）

四代目陽一
バター
せんべい

↑川越せんべい店（p.16）

ハルヤ
カニ
チップ

↑ハル屋（p.59）

いかみりん

↑イケダヤ製菓（p.11）

↑マルヒ（p.44）

↑三黒製菓（p.48）

↑サツラク
農業協同組合（p.64）

ビーバー

↑北陸製菓（p.56）

↑共成製菓（p.34）

トランプ

↑三立製菓（p.74）

ミレーフライ

↑渡由製菓（p.76）

味じまん
ピーナッツ入

↑味じまん製菓（p.41）

↑端谷菓子店（p.14）

↑スグル食品（p.90）

↑松浦商店（p.14）

↑佐忠商店（p.37）

↑伊江食品（p.113）

↑茶木（p.31）

↑冨士屋製菓（p.102）

↑三国屋（p.78）

↑日本製乳（p.39）

↑西八製菓（p.87）

↑あぜち食品（p.94）

↑大阪屋製菓（p.102）

↑新里食品（p.113）

↑日本メグスリノキ本舗（p.42）

↑亀屋製菓（p.61）

↑竹田本社（p.77）

↑亀屋製菓（p.61）

↑泰平食品（p.103）

↑原山製菓（p.54）

↑ロマンス製菓（p.31）

↑↓三黒製菓（p.48）

↑吸坂飴本舗 谷口製飴所（p.22）

↑アップルアンドスナック（p.35）

↑でん六（p.40）

↑岸田パン（p.100）

↑酒田米菓（p.18）

↑谷田製菓（p.34）

↑敷島産業（p.60）

↑杉本屋製菓（p.76）

↑岩月製菓（p.77）

↑とやまアルペン乳業（p.66）

↑松倉（p.40）

↑大和製菓（p.98）

↑ほんま（p.30）

↑原山製菓（p.54）

↑古川製菓（p.31）

テーマソング

ロミーナのうた
ロミーナ　ロミーナ
ロミーナ
パリポリ　パリポリ
パリポリ　パリポリ
私の好きなロミーナ
みんなの好きなロミーナ
1968年当時、実際にCMで
流れていた曲です。

→げんぶ堂「ロミーナ」（p.83）

前田のランチクラッカーの歌
「それそれなーに」
スープに牛乳 それからね
それそれなーに それなーに
ラララ 前田の 前田のランチ
クラッカー クラッカー

→前田製菓「前田のクラッカー」（p.84）

おやつのポエム

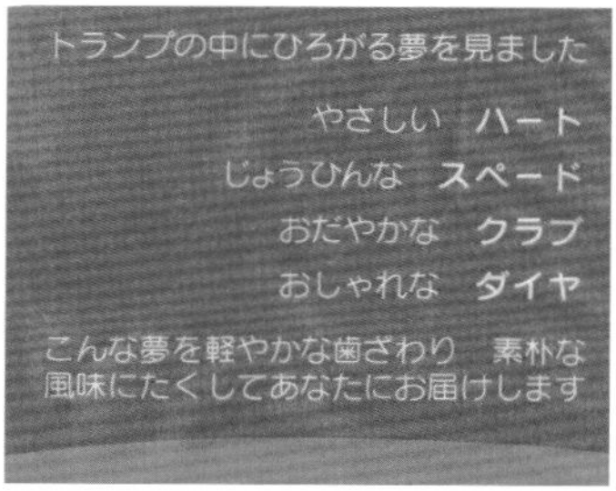
トランプの中にひろがる夢を見ました
やさしい　ハート
じょうひんな　スペード
おだやかな　クラブ
おしゃれな　ダイヤ
こんな夢を軽やかな歯ざわり　素朴な
風味にたくしてあなたにお届けします

→三立製菓「トランプ」（p.74）

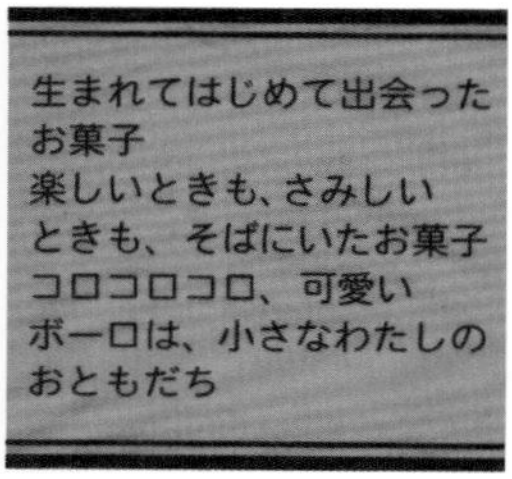
生まれてはじめて出会った
お菓子
楽しいときも、さみしい
ときも、そばにいたお菓子
コロコロコロ、可愛い
ボーロは、小さなわたしの
おともだち

↑竹田本社「タマゴボーロ」（p.77）

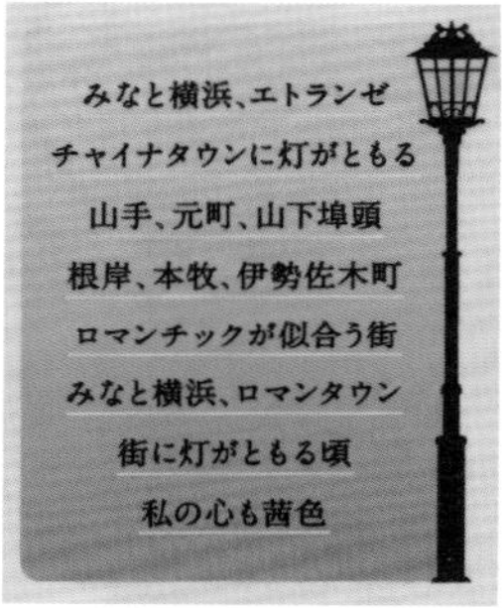
みなと横浜、エトランゼ
チャイナタウンに灯がともる
山手、元町、山下埠頭
根岸、本牧、伊勢佐木町
ロマンチックが似合う街
みなと横浜、ロマンタウン
街に灯がともる頃
私の心も茜色

↑宝製菓「横浜ロマンスケッチ」（p.47）

美味しい食べ方

食べかたいろいろ
オーブンであたためたり、マーガリンをぬり、
またジャムをぬってお召し上がりください。
野菜やひき肉を
のせてタコス風
チョコゃ
キャラメルソース
をかけて！
※ソースは付いておりません。
マーガリンやジャムを
ぬってトースト風

→丸吉塩せんべい「塩せんべい」（p.112）

おつまみ・おやつに最適！
お好み焼きやうどん等に入れて
さらにおいしくいただけます。
お好み焼きに…
うどんに…

↑スグル食品「Fいか姿フライ」（p.90）

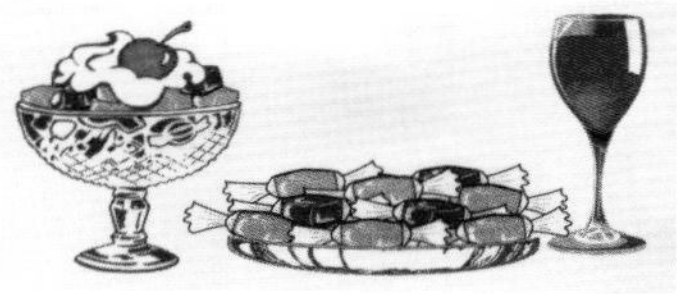

→杉本屋製菓「ハイミックスゼリー」（p.76）

おいしい「あられ茶漬」の召し上り方
ドンブリに
〔三国屋〕の
田舎あられを
入れ
塩吹昆布又は
昆布茶等を入
れ
熱いお茶をそ
そぐと出来上
りです。
夜食やお酒のあとにお召し上がりください。
コーヒー、
紅茶のお友
にもよく合
います。

→三国屋「田舎あられ」（p.78）

おいしい召し上がり方
天使のはねに
カレー粉又は七味
唐辛子をふりかけて！
あたたかい
ごはんにまぜて
おむすびに！
クリームスープに
入れる！
ハンバーグや
野菜炒めの
具材として！

→丸吉塩せんべい「天使のはね 塩味」（p.112）

団欒に、ティータイムに

→坂栄養食品「しおA字フライ」（p.26）

しおA字 フライ ビスケット

ひときわ楽しい
おいしさ選びに

いつものティータイム…
ここにテーブルを飾るお菓子を紹介します。
本品は厳選された素材を使い、おいしさを大切に作り上げました。
子どものおやつに、またお茶のお供に、気軽につまめるおいしさをどうぞ。

→坂栄養食品「ラインサンド」（p.26）

好きな時、好きなだけ。

かしこい選択

═ラインサンド═

焼きたてのビスケットに良質のクリームをサンドにした、まろやかなラインサンド――
サクッ！としたビスケットとしっとりとしたクリームのハーモニーがお口の中でひろがり、どなたにも喜ばれます。

→敷島産業「しきしまのふーちゃん」（p.60）

大自然の恵みがいっぱい！

ふーちゃんのふ菓子

ふーちゃんふ菓子は、小麦のたんぱく質を焼き上げたやきふに、大地の恵みをあびたさとうきびからつくられたお砂糖をからめたお菓子です。風味豊かなはちみつも加えてあるのでいっそうまろやか！おまけに消化も良いのでお子様からお年寄りまで、どなたにも安心して召し上がっていただけます。
行楽のお供に、ご家族だんらんのひとときに是非ふーちゃんのふ菓子をご愛用ください。

ごみに出す時は、市町村の区分に従って下さい。
この商品には、塩素系プラスチック包材は使用していません。

→近江の館「寿浜」（p.79）

長浜名物「寿浜」

長浜名物きな粉菓子「寿浜」を百三十年作り続けた、菓子舗「コタケ」の伝統製法を直に受け継ぎ、この度、滋賀県産大豆を使用し近江の館にて復刻いたしました。
懐かしの「寿浜」と一緒に、楽しい家族団欒のひとときを。

タケダの「仲よしあめせん」は、おせんべいの間に水飴をはさんで食べる、あのなつかしい味を再現したお菓子です。
特にせんべいは一枚一枚手焼きで固さを工夫し、現代っ子も気軽に口に出来るよう調整しております。
御家庭の団らんにお子様のおやつに、どうぞ仲よくお召し上がりください。

↑タケダ製菓「仲よしあめせん」（p.15）

由来を知る

優しさ伝わる福建の中華菓子

この菓子は、中国北では(麻花兒)南では(火把)と呼ばれ、長崎に伝わってきた時に漢字が読みにくいため「麻花巻」「唐人巻」などの名称になりました。その形から地元では「よりより」との愛称をいただいております。弊社では伝統の技法により、おいしさを追求し、一本一本手作りしております。独特の歯ごたえとさっぱりとした甘さ・独特の風味と素朴な味わいは、どなたにもお喜びいただけます。

福建のよりよりの特徴

- 生地を熟成させ、酵母を育て、一味違う商品に仕上げております。
- 長崎独特の『唐あく』(膨張剤で表示分)を使用しておりますので食感が違います。
- 大豆油で揚げることにより、小麦粉の旨みを引き立てております。
- 一本一本手作りで、よりあげておりますので、愛嬌のある商品です。

↑福建「麻花巻」（p.98）

信州のソウルフード「みそぱん」

「みそぱん」は、信州地方で古くから親しまれてきた定番の郷土菓子です。これは「パン」という名前がついているものの、信州味噌を練り込んだ焼き菓子に分類されます。江戸末期に軍隊用の保存食として作られていたものが今に続いており、現在でも地域の祭事・式典をはじめ、幼稚園や保育園、小学校の入学式、運動会で配るところが多くあります。

ソフトでサクッとした食感、やさしい甘さとほんのりとしたしょっぱさがクセになる、信州のソウルフード「みそぱん」。子どもから大人まで、永く愛され続ける素朴な味を、心ゆくまでお楽しみください。

↑日新堂製菓「みそぱん」（p.54）

ふるさとの味

網《あ》代《じろ》焼《やき》

新潟の米菓あじろやきは日本海に面した越後柏崎で、明治40年に初めて私共の初代が創案いたしました。

風味たっぷりの米と香り豊かな海老粉、やさしい甘みの中双糖や塩を混ぜ合せ、蒸し、練り、魚型にぬいた生地を焼き上げ、しょう油だれでつや良く仕上げた勘と技の逸品です。

パリッとした歯ごたえ、香ばしいしょう油の風味が『食べだしたら止まらない！』と、お茶うけにもビールのつまみにも百年を超え、年代を問わず多くの方々に大層喜ばれております。

↑菓子道楽 新野屋「網代焼」（p.50）

豆をつくりつづけて百有余年の店

豆のひとりごと

わたくしは『ラッキーチェリー豆』と名付けられておりますが、本体は「そら豆」でございます。

わたくしが名付けられるまでの過ごしかたを申しますと、まず皮を剥いでもらって水漬けにしてもらいます。それから油で揚げられて水飴、生姜、砂糖などを煮合わせた衣をきせてもらいます。

『藤田のラッキーチェリー豆』と特に申しますわたくしは優良「そら豆」を使用されていますから自慢じゃないが生れつきがすでに良い、つまり素質がよいというわけです。

↑藤田チェリー豆総本店
「ラッキーチェリー豆」（p.97）

→吸坂飴本舗 谷口製飴所「吸坂飴」（p.22）

加賀の郷土に育む伝統の銘菓

寛永八年加賀乃國江沼の郷吸坂村で発祥以来三百六十余年の伝統と技法を継承し加賀米と大麦を原料とし霊峰白山の清水との息吹が伝わる吸坂飴は麦芽糖の円やかな甘さで香ばしい飴菓子です。

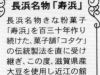

にっぽんのおやつ図鑑（p.32 ～、p.72 ～）連絡先・主な販売場所リスト

※通販不可となっているものも、取引先各種ECサイトで取り扱いがある場合があります。

p.42〈 **太陽堂のむぎせんべい** 〉
太陽堂むぎせんべい本舗
福島県福島市陣場町９-30
TEL：024-531-3077
主な販売場所：自店舗、福島市内スーパー等
通販：可（ECサイト「ふくしまのお土産 エールギフト西形商店」）

p.42〈 **おばけせんべい** 〉
有限会社日本メグスリノキ本舗
福島県東白川郡棚倉町山際字屋敷前59
TEL：0247-35-2027
主な販売場所：福島県内の一部スーパー・農産物直売所等
通販：可（電話、FAX 0247-35-2805）

p.43〈 **あんドーナツ** 〉
本橋製菓株式会社
栃木県宇都宮市江曽島本町８-22
TEL：028-658-1033
主な販売場所：自店舗、工場、北関東・東北地方・首都圏の一部のスーパーマーケット等
通販：可（自社サイト）

p.43〈 **どうぶつべっこう飴** 〉
株式会社野州たかむら
栃木県芳賀郡茂木町茂木181-1
TEL：0285-63-1730
主な販売場所：栃木県の道の駅・スーパー等
通販：可（自社サイト、その他各種ECサイト）

p.44〈 **茨城県産干しいも** 〉
株式会社マルヒ
茨城県ひたちなか市阿字ヶ浦町385-1
TEL：029-265-8011
主な販売場所：自店舗、全国のスーパー等
通販：可（自社サイト）

p.44〈 **純米せんべい** 〉立正堂株式会社
茨城県常総市古間木1634
TEL：0297-42-4151
主な販売場所：東日本のスーパー・コンビニ等
通販：不可　※取引先各種ECサイトでの取り扱いと自社サイトでアウトレット品の販売有り（不定期）

p.45〈 **ハートチップル** 〉リスカ株式会社
茨城県常総市蔵持900
TEL：0297-43-8111
主な販売場所：茨城県内スーパー・コンビニ等
通販：不可　※取引先各種ECサイトでの取り扱い有り

p.46〈 **梅しば、ごんじり** 〉
村岡食品工業株式会社
群馬県前橋市高井町１-１-10
TEL：027-251-5353
主な販売場所：全国の量販店
通販：可（自社サイト、取引先各種ECサイト）

p.37〈 **いかせんべい** 〉
南部せんべい乃　巖手屋
岩手県二戸市石切所字前田41-1
TEL：0120-232-209
主な販売場所：自店舗、盛岡駅構内売店、近県の一部の高速道路SA・PA等
通販：可（自社サイト）

p.38〈 **バナナボート** 〉
株式会社たけや製パン
秋田県秋田市川尻町字大川反233-60
TEL：018-864-3117（工場代表）
主な販売場所：秋田県内スーパー・コンビニ等
通販：不可

p.38〈 **あんバター入りサンド他** 〉
株式会社福田パン
岩手県盛岡市長田町12-11
TEL：019-622-5896（長田町本店）
主な販売場所：自店舗、盛岡市内スーパー等
通販：不可

p.39〈 **おしどりミルクケーキ** 〉
日本製乳株式会社
山形県東置賜郡高畠町大字糠野目字高野壱694-1
TEL：0238-57-4050
主な販売場所：山形県内・近県道の駅や土産店、山形県内スーパー等
通販：可（自社サイト）

p.40〈 **でん六豆** 〉
株式会社でん六
山形県山形市清住町３-２-45
TEL：0120-397-150
主な販売場所：全国の量販店
通販：可（自社サイト、楽天市場）

p.40〈 **パパ好み** 〉
株式会社松倉
宮城県大崎市古川前田町４-６
TEL：0229-22-0259
主な販売場所：自店舗。大崎市内スーパー・コンビニ、百貨店、近隣駅構内売店等
通販：可（自社サイト、電話、FAX）

p.41〈 **特上まころん** 〉
渡辺製菓株式会社
宮城県仙台市青葉区栗生２-４-27
TEL：022-392-2346
主な販売場所：宮城県内スーパー等
通販：可（自社サイト）

p.41〈 **ピーナッツ入 味じまん** 〉
味じまん製菓
宮城県登米市迫町森字平柳32
TEL：0220-22-2882
主な販売場所：宮城県内スーパー等
通販：不可

p.34〈 **道産子ド定番うずまきかりんとう** 〉
浜塚製菓株式会社
北海道札幌市白石区中央１条３-32
TEL：011-383-4129
主な販売場所：北海道内スーパー、北海道アンテナショップ等
通販：可（自社サイト、電話　※同内容の別パッケージ）

p.34〈 **旭豆** 〉共成製菓株式会社
北海道旭川市宮下通16-右1
TEL：0166-23-7181
主な販売場所：自店舗、旭川市内スーパー等
通販：可（自社サイト）

p.34〈 **一口きびだんご** 〉谷田製菓株式会社
北海道夕張郡栗山町錦３-134
TEL：0123-72-1234
主な販売場所：北海道内スーパー・空港売店、北海道アンテナショップ等
通販：可（電話、メール）

p.35〈 **アップルスナック レッド** 〉
アップルアンドスナック株式会社
青森県南津軽郡田舎館村川部上船橋50-10
TEL：0172-26-5360
主な販売場所：青森県内の土産店
通販：可（自社サイト）

p.35〈 **イギリストースト** 〉株式会社工藤パン
青森県青森市金沢３-22-1
TEL：017-776-1111
主な販売場所：東北６県のスーパー・コンビニ・ドラッグストア、青森県アンテナショップ等
通販：不可

p.36〈 **なかよし** 〉花万食品株式会社
青森県八戸市大字白銀町字三島下24-66
TEL：0178-33-0353
主な販売場所：自社直売所、八戸市内スーパー・百貨店、青森県アンテナショップ等
通販：可（自社サイト、電話）

p.36〈 **名代厚焼せんべい（ピーナッツ）** 〉
株式会社佐々木製菓
岩手県一関市赤荻字鬼吉52
TEL：0191-25-3338
主な販売場所：自店舗、岩手県内外のスーパー、百貨店等
通販：可（Yahoo！ショッピング・楽天市場の各ECサイト、電話、メール）

p.37〈 **あげ干餅** 〉佐忠商店
秋田県横手市増田町増田字伊勢堂11-４
TEL：0182-45-2805
主な販売場所：自店舗、秋田県内道の駅・スーパー・土産物店等
通販：可（ECサイトBASE）

p.59〈 **豆つかげ** 〉大塚
岐阜県飛騨市古川町上町460
TEL：0577-74-1054
主な販売場所：高山市や飛騨市内スーパー、飛騨市内の土産物店等
通販：可（「スーパーさとう」のECサイト）

p.60〈 **しきしまのふーちゃん** 〉
敷島産業株式会社
岐阜県本巣市見延1399-２
TEL：058-324-5131
主な販売場所：全国のスーパー・ドラッグストア
通販：可（Amazon）

p.60〈 **マリート** 〉
株式会社オーカワパン
福井県坂井市丸岡町猪爪２-501
TEL：0776-66-0237
主な販売場所：福井県・石川県のスーパー
通販：不可

p.61〈 **雪がわら** 〉
亀屋製菓株式会社
福井県福井市東森田４-101
TEL：0776-56-1200
主な販売場所：福井市内スーパー、福井県内の道の駅・JR駅売店等
通販：可（自社サイト）

p.61〈 **青ねじ** 〉
朝倉製菓
福井県越前市住吉町９-10
TEL：0778-22-0081
主な販売場所：自店舗、福井県内スーパー等
通販：可（自社サイト）

p.74〈 **花ぐるま さくら棒** 〉
株式会社大黒屋商事
静岡県藤枝市八幡字宗高521-１
TEL：054-641-5200
主な販売場所：静岡県中部地区スーパー等
通販：可（自社サイト）

p.74〈 **トランプ** 〉
三立製菓株式会社
静岡県浜松市中区中央１-16-11
TEL：053-453-3111
主な販売場所：関西地区のスーパー
通販：可（自社サイト）

p.75〈 **8の字** 〉有限会社カクゼン桑名屋
静岡県静岡市駿河区中原713
TEL：054-285-7668
主な販売場所：静岡県内スーパー・SA・駅キヨスク・土産売り場など
通販：可（自社サイト、楽天市場）

p.75〈 **お茶羊羹** 〉株式会社三浦製菓
静岡県島田市川根町家山717-５
TEL：0547-53-2073
主な販売場所：自店舗、静岡県内高速道路SA等
通販：可（自社サイト）

p.54〈 **鉱泉せんべい、牛乳せんべい** 〉
有限会社原山製菓
長野県長野市稲里町田牧472-１
主な販売場所：長野県内スーパー
通販：不可

p.54〈 **みそぱん** 〉
有限会社日新堂製菓
長野県安曇野市豊科高家2287-67
TEL：0263-73-0073
主な販売場所：長野県内スーパー
通販：可（電話）

p.55〈 **八雲のウイスキーボンボン** 〉
八雲製菓株式会社
山梨県甲府市池田２-４-23
TEL：055-253-4111
主な販売場所：甲府市内スーパー等
通販：不可

p.55 〈**パピロンサンド チョコレートクリーム**〉株式会社お菓子のシアワセドー
長野県飯田市座光寺6628-168
TEL：0265-22-6311
主な販売場所：全国の量販店
通販：不可

p.56〈 **ビーバー、白えびビーバー、ユレーカ、シガーフライ、ハードビスケット** 〉
北陸製菓株式会社
石川県金沢市押野２-290-１
TEL：076-243-3800（お客様相談窓口）
主な販売場所：自店舗、北陸三県のコンビニ、全国の量販店等
※「白えびビーバー」は北陸３県限定販売
通販：可（自社サイト）

p.58〈 **北越サラダかきもち** 〉
株式会社北越
富山県砺波市太田1891-２
TEL：0763-33-4488
主な販売場所：北陸３県のスーパー等
通販：可（電話）

p.58〈 **ソフトこんぶ飴** 〉
浪速製菓株式会社
岐阜県本巣市温井字中割243-４
TEL：058-324-8770
主な販売場所：工場直売所、全国の量販店等
通販：可（自社サイト）

p.58〈 **馬印三嶋豆** 〉
馬印三嶋豆本舗
岐阜県高山市上一之町103
TEL：0120-06-1810
主な販売場所：岐阜県内スーパー、飛騨物産館等
通販：可（自社サイト）

p.59〈 **カニチップ** 〉
株式会社ハル屋
岐阜県羽島郡岐南町野中８-45
TEL：058-245-1411
主な販売場所：東海地方のスーパー
通販：可（電話）

p.46〈 **蜂蜜かりんとう 黒蜂** 〉
東京カリント株式会社
東京都板橋区坂下２-６-15
問い合わせ：HPより
主な販売場所：全国の量販店
通販：可（自社サイト）

p.47〈 **五家宝** 〉藤田製菓有限会社
埼玉県八潮市大字柳之宮133-４
TEL：048-996-6329
主な販売場所：都内・東北の一部スーパー
通販：可（取引先各種ECサイト）

p.47〈 **横浜ロマンスケッチ** 〉
宝製菓株式会社
神奈川県横浜市戸塚区東俣野町1750
TEL：045-851-2001（代表）
主な販売場所：神奈川県内スーパー等
通販：可（自社サイト）

p.50〈 **元祖柿の種 M** 〉浪花屋製菓株式会社
新潟県長岡市摂田屋町2680
TEL：0258-23-2201
主な販売場所：本社工場、全国の量販店等
通販：可（自社サイト）

p.50〈 **網代焼** 〉菓子道楽 新野屋
新潟県柏崎市駅前１-５-14
TEL：0257-22-2337
主な販売場所：自店舗、新潟県内スーパー、新潟県アンテナショップ等
通販：可（自社サイト、Amazonなどの各種ECサイト、電話、FAX）

p.50〈 **アルミ羽衣あられ** 〉
株式会社ブルボン
新潟県柏崎市駅前１-３-１
TEL：0120-28-5605
主な販売場所：全国の量販店等
通販：可（自社サイト）

p.51〈 **まめてん しお味** 〉大橋食品製造所
新潟県新潟市西蒲区小吉1307
TEL：025-375-2211
主な販売場所：自社工場（受注製造）、新潟市内産直所、新潟駅内売店等
通販：可（ECサイト「新潟直送計画」）

p.52〈 **もも太郎** 〉株式会社セイヒョー
新潟県新潟市北区島見町2434-10
TEL：0800-500-0144
主な販売場所：新潟県内スーパー
通販：可（自社サイト）

p.52〈 **栗しぐれ** 〉鈴木製菓株式会社
山梨県甲府市下曽根町3400-１
TEL：055-266-5188
主な販売場所：全国の量販店
通販：不可

p.53〈 **英字ビス のり風味** 〉
米玉堂食品株式会社
長野県上伊那郡辰野町大字伊那富2582
TEL：0266-41-1031、0120-07-1031
主な販売場所：長野県内スーパー等
通販：可（Amazon）

p.86〈 **生姜せんべい** 〉
いずみ屋製菓
鳥取県鳥取市行徳1-181
TEL：0857-22-3679
主な販売場所：自店舗、鳥取大丸、鳥取市内スーパ等
通販：可（ECサイト「とっとり市」）

p.86〈 **蜂蜜ふらい** 〉
有限会社松崎製菓
島根県松江市東出雲町出雲郷538-5
主な販売場所:自社工場、山陰両県の量販店等
通販：可（FAX 0852-52-2466）

p.86〈 **とっとり駄菓子おいり** 〉
有限会社深澤製菓
鳥取県鳥取市南安長2-78-2
TEL：0857-22-4863
主な販売場所：自店舗、鳥取県内スーパー・道の駅等
通販：可（自社サイト）

p.87〈 **コーヒー糖** 〉
西八製菓株式会社
島根県雲南市木次町里方865-6
TEL：0854-42-0209
主な販売場所：島根県内スーパー、島根県アンテナショップ等
通販：可（自社サイト、電話）

p.88〈 **梶谷のシガーフライ** 〉
梶谷食品株式会社
岡山県倉敷市中庄2261-2
TEL：086-462-3500
主な販売場所：岡山木村屋の直営店、岡山県内のスーパー等
通販：不可

p.88〈 **バナナカステラ** 〉
有限会社福岡製菓所
岡山県岡山市中区平井1101-8
TEL：086-277-9576
主な販売場所：工場直売所、岡山市内のスーパー等
通販：可（自社サイト）

p.89〈 **瀬戸内レモンケーキ** 〉
マルト製菓株式会社
広島県福山市御幸町中津原1532
TEL：084-955-1151
主な販売場所：全国の量販店
通販：不可

p.90〈 **フライケーキ** 〉矢野食品株式会社
広島県広島市安芸区矢野西1-40-20
TEL：082-888-0824
主な販売場所：広島県内スーパー
通販：不可

p.90〈 **Fいか姿フライ** 〉
株式会社スグル食品
広島県呉市広多賀谷2-5-8
TEL：0823-72-8333
主な販売場所：全国の量販店
通販：可（取引先各種ECサイト）

p.81〈 **そばぼうろ** 〉平和製菓株式会社
京都府京都市伏見区下鳥羽西芹川町74-2
TEL：075-601-1826
主な販売場所：全国の量販店
通販：可（自社サイト）

p.81〈 **ピーナツバター** 〉
株式会社江口製菓
京都府京都市南区上鳥羽戒光33
TEL：075-671-1318
主な販売場所：京都市内スーパー、京都市外の一部のスーパー
通販：可（電話、取引先各種ECサイト）

p.82〈 **味一番** 〉有限会社旭堂製菓所
和歌山県和歌山市小松原通5-14
TEL：073-422-1416
主な販売場所：和歌山県内のスーパー
通販：不可

p.82〈 **おおだまミックス** 〉川口製菓株式会社
和歌山県和歌山市岩橋1556-2
TEL：073-474-6855（代表）
主な販売場所：和歌山県内スーパーを中心に全国の量販店
通販：可（電話）

p.83〈 **ロミーナ** 〉株式会社げんぶ堂
兵庫県豊岡市中陰376-3
TEL：0796-23-5555
主な販売場所：豊岡市内スーパー、兵庫県外の一部のスーパー
通販：可（自社サイト）

p.83〈 **グリーンソフト** 〉株式会社玉林園
和歌山県和歌山市出島48-1
TEL：073-473-0456
主な販売場所：自店舗、和歌山市内スーパー・コンビニ等
通販：可（自社サイト、電話）

p.84〈 **鶯ボール** 〉植垣米菓株式会社
兵庫県加古川市平岡町高畑520-10
TEL：079-424-5445
主な販売場所：関西地区のスーパー等
通販：可（自社サイト）

p.84〈 **前田のクラッカー** 〉
前田製菓株式会社
大阪府堺市堺区協和町5-480
TEL：072-241-3067
主な販売場所：近畿地方のスーパー等
通販：可（自社サイト）

p.85〈 **キングドーナツ** 〉丸中製菓株式会社
兵庫県加西市下宮木町玉の坪555-1
TEL：0790-49-2924
主な販売場所：全国の量販店
通販：可（自社サイト）

p.85〈 **たんさんせんべい** 〉岡 友恵堂
兵庫県赤穂市折方1495-23
TEL：0791-46-4076
主な販売場所：関西地方のスーパー
通販：不可

p.76〈 **ミレーフライ** 〉渡由製菓
愛知県名古屋市西区天神山町7-10
TEL：052-531-3436
主な販売場所：名古屋市内スーパー等
通販：不可

p.76〈 **ハイミックスゼリー** 〉
杉本屋製菓株式会社
愛知県豊橋市鍵田町48
TEL：0532-53-6161
主な販売場所：自店舗、全国の量販店等
通販：可（自社サイト、電話、FAX）

p.77〈 **タマゴボーロ** 〉
竹田本社株式会社
愛知県犬山市新川1-11
TEL：0568-67-8188
主な販売場所：全国の量販店
通販：不可

p.77〈 **岩月の玉子入落花** 〉
岩月製菓株式会社
愛知県高浜市春日町4-2-16
TEL：0566-53-0622
主な販売場所：東海地方のスーパー、関東・関西地方の一部のスーパー
通販：不可

p.77〈 **みぞれ玉** 〉松屋製菓株式会社
三重県伊勢市御薗町新開307-1
TEL：0596-36-4439
主な販売場所：自社工場、全国の量販店等
通販：可（自社サイト）

p.78〈 **ピケエイト** 〉株式会社マスヤ
三重県伊勢市小俣町相合1306
TEL：0120-917-231
主な販売場所：東海地方のスーパー等
通販：可（自社サイト）

p.78〈 **田舎あられ** 〉株式会社三国屋
三重県伊勢市下野町630-3
TEL：0596-36-3928
主な販売場所：伊勢市内スーパー
通販：可（自社サイト）

p.79〈 **寿浜** 〉株式会社近江の館
滋賀県長浜市田村町1377-9
TEL：0120-36-2025
主な販売場所：自店舗、滋賀県内の道の駅等
通販：可（自社サイト、電話）

p.80〈 **輪切寒天** 〉株式会社伊藤軒
京都府京都市伏見区深草谷口町28-1
TEL：0120-929-110
主な販売場所：自店舗、全国の量販店
通販：可（自社サイト）

p.80〈 **天狗の横綱あられ、天狗のピリカレー** 〉天狗製菓株式会社
京都府京都市伏見区横大路下三栖城ノ前町57-1
TEL：075-604-5139
主な販売場所：工場直売所、京都駅ポルタ等
通販：可（自社サイト）

p.99〈 **切黒棒** 〉株式会社橋本製菓
熊本県玉名郡南関町関町1567
TEL：0968-53-0522
主な販売場所：九州地方を中心とした全国のスーパー
通販：可（電話）

p.99、p.100〈 **亀せん、あられ** 〉
味屋製菓合資会社
熊本県熊本市南区合志１－３－７
TEL：096-357-9185
主な販売場所：熊本市内スーパー、九州の一部のスーパー、関東・関西地方の催事販売等
通販：可（自社サイト）

p.100〈 **ジャリパン** 〉有限会社ミカエル堂
宮崎県宮崎市大塚町権現昔865－３
TEL：0985-47-1680
主な販売場所：自店舗、宮崎市内スーパー・高校売店等
通販：不可

p.100〈 **牛乳パン** 〉岸田パン
大分県宇佐市安心院町折敷田136
TEL：0978-44-0235
主な販売場所：宇佐市内スーパー、里の駅等
通販：不可

p.101〈 **元祖鹿児島 南国白くま** 〉
セイカ食品株式会社
鹿児島県鹿児島市西別府町3200－７
TEL：099-284-8181
主な販売場所：全国のスーパー、コンビニ等
通販：可（自社サイト）

p.101〈 **ひとくちげたんは** 〉
有限会社原製菓舗
鹿児島県肝属郡錦江町城元602
TEL：0994-22-1952
主な販売場所：自店舗、鹿児島市のデパート、鹿児島市のスーパー・物産館等
通販：可（電話、FAX）

p.102〈 **雀の学校・雀の卵** 〉
株式会社大阪屋製菓
鹿児島県鹿児島市柳町10－８
TEL：099-247-1411
主な販売場所：鹿児島県内スーパー等
通販：可（自社サイト）

p.102〈 **からいも飴** 〉冨士屋製菓有限会社
鹿児島県曽於郡大崎町仮宿1194
TEL：099-476-0067
主な販売場所：鹿児島県内外のスーパー、物産展等
通販：可（自社サイト、電話）

p.103〈 **ぼんたん漬舟切、甘夏みかん漬** 〉
泰平食品有限会社
鹿児島県阿久根市大川8370
TEL：0996-74-0056
主な販売場所：自店舗、鹿児島県内の道の駅等
通販：可（自社サイト）

p.95〈 **フレンチパピロ** 〉
株式会社七尾製菓
福岡県北九州市小倉南区葛原１－９－７
TEL：093-472-8770
主な販売場所：全国の量販店等
通販：不可

p.95〈 **カステラサンド** 〉
株式会社リョーユーパン
福岡県大野城市旭ヶ丘１－７－１
TEL：092-596-3926
主な販売場所：九州（沖縄を除く）・中国・四国、関西の一部のスーパー等
通販：不可

p.96〈 **逸口香** 〉
有限会社源八屋
佐賀県佐賀市蓮池町大字蓮池322
TEL：0952-97-0020
主な販売場所：佐賀空港売店、佐賀駅構内売店、道の駅大和等
通販：可（自社サイト、電話、FAX 0952-97-1187）

p.96〈 **丸ぼうろ葉隠** 〉
大坪製菓株式会社
佐賀県佐賀市木原３-16-15
TEL：0952-23-4548
主な販売場所：工場売店、九州地方のスーパー、ディスカウントストア等
通販：可（自社サイト）

p.97〈 **ブラックモンブラン** 〉
竹下製菓株式会社
佐賀県小城市小城町池の上2500
TEL：0952-73-4311
主な販売場所：九州地方のスーパー・コンビニ、ドラッグストア等
通販：可（自社サイト、電話）

p.97〈 **ラッキーチェリー豆** 〉
株式会社藤田チェリー豆総本店
長崎県島原市新湊２-1708-１
TEL：0957-62-3217
主な販売場所：自店舗、長崎空港、ハウステンボス、長崎県内スーパー等
通販：可（自社サイト）

p.98〈 **麻花巻** 〉
株式会社福建
長崎県長崎市出島町４-13（本店）
TEL：095-823-1036（本店）
主な販売場所：自店舗（本店・新地中華街店）、長崎・福岡の駅構内キヨスク
通販：可（自社サイト）

p.98〈 **やまとの味カレー** 〉
株式会社大和製菓
長崎県佐世保市大塔町2002-23（工場）／長崎県佐世保市大和町112（直売所）
TEL：0956-33-1155
主な販売場所：直売店、全国の量販店等
通販：可（自社サイト）

p.91〈 **山口乃外郎** 〉数井製菓株式会社
山口県防府市今市町１-17
TEL：0835-22-1945
主な販売場所：山口県近郊の高速道路SA・道の駅・駅構内売店、スーパー等
通販：可（電話、FAX 0835-22-1967）

p.91〈 **おいり** 〉有限会社細川安心堂
香川県観音寺市柞田町乙27-１
TEL： 0875-25-3725
主な販売場所：自店舗、香川県内スーパー等
通販：可（自社サイト）

p.92〈 **塩けんぴ** 〉澁谷食品株式会社
高知県高岡郡日高村本郷716
TEL：0889-24-5131（本社代表）
主な販売場所：全国の量販店
通販：不可

p.92〈 **池の月、ふやき** 〉浅井製菓所
徳島県徳島市南田宮３-６-42
TEL：088-631-1947
主な販売場所：徳島県内スーパー・物産店等
通販：可（電話、FAX）

p.92〈 **巾着パールあられ** 〉
東陽製菓株式会社
愛媛県西条市周布243-１
TEL：0898-64-2045
主な販売場所：工場直売所、愛媛県を中心に四国内のスーパー、愛媛県の産直市場等
通販：可（自社サイト）

p.93〈 **まじめミレービスケット** 〉
有限会社野村煎豆加工店
高知県高知市大津乙1910-３
TEL：088-866-2261
主な販売場所：高知県内スーパー・コンビニ・土産物店等
通販：可（自社サイト）

p.93〈 **別子飴** 〉株式会社別子飴本舗
愛媛県新居浜市郷２-６-５
TEL：0897-45-1080
主な販売場所：自店舗、愛媛県内の土産物店・百貨店等
通販：可（自社サイト）

p.94〈 **マックのシュガーコーン** 〉
有限会社あぜち食品
高知県高知市大津甲595-６
TEL：088-866-5453
主な販売場所：高知県内スーパー
通販：可（Yahoo！ショッピング・楽天市場・Amazonの各ECサイト）

p.94〈 **くろがね堅パン** 〉株式会社スピナ
福岡県北九州市八幡東区大字前田2142-１
TEL：093-681-7350
主な販売場所：福岡県内のスーパー・土産店、関東・中部・関西地区の一部のスーパー
通販：不可
※取引先各種ECサイトでの取り扱い有り

LOCAL"OYATSU"BOOK

本書に掲載した情報は2021年12月現在のものです。

撮影　松元絵里子
ブックデザイン　三上祥子（Vaa）
取材　4-9頁／執筆　花野静恵
撮影　北川友美
取材コーディネート　株式会社ゲイン
24-27頁／執筆　矢島あづさ
撮影　伊藤留美子（リトミコフォトグラフィー）
104-109頁／執筆　黒川祐子（アイデアにんべん）
撮影　田村ハーコ
編集協力　堀口祐子
編集　大庭久実（グラフィック社）

ローカルおやつの本

2021年12月25日　初版第1刷発行

編　者　グラフィック社編集部
発行者　長瀬 聡
発行所　株式会社 グラフィック社
〒102-0073　東京都千代田区九段北1-14-17
TEL 03-3263-4318　FAX 03-3263-5297
http://www.graphicsha.co.jp
振替 00130-6-114345
印刷・製本　図書印刷株式会社

定価はカバーに表示してあります。
乱丁・落丁本は、小社業務部宛にお送りください。小社送料負担にてお取り替え致します。

ISBN978-4-7661-3615-9 C0076
2021 Printed in Japan

水俣病を伝える

豊饒の浜辺から

第六集